Teubner-Reihe UMWELT

H. Hofmann / R. Rauh /
A. Heißenhuber / E. Berg

Umweltleistungen der Landwirtschaft

Teubner-Reihe UMWELT

Diese Buchreihe ist ein Forum für Veröffentlichungen zum gesamten Themenbereich Umwelt. Es erscheinen einführende Lehrbücher, Monographien und Forschungsberichte, die den aktuellen Stand der Wissenschaft wiedergeben.

Das inhaltliche Spektrum reicht von den naturwissenschaftlich-technischen Grundlagen über umwelttechnische Fragestellungen bis hin zu juristisch, sozial- und gesellschaftlich ausgerichteten Titeln. Besonderer Wert wird dabei auf eine allgemeinverständliche, dennoch exakte und präzise Darstellung gelegt. Jeder Band ist in sich abgeschlossen.

Die Autoren der Reihe wenden sich vorwiegend an Studierende, Lehrende sowie in der Praxis tätige Fachleute.

Umweltleistungen der Landwirtschaft

Konzepte zur Honorierung

Von Dr. Herbert Hofmann
Dipl.-Ing. Rudolf Rauh
Priv. Doz. Dr. Alois Heißenhuber
Prof. Dr. Ernst Berg

B. G. Teubner Verlagsgesellschaft
Stuttgart · Leipzig 1995

Dr. agr. Herbert Hofmann
Geboren 1963. Von 1984 bis 1990 Studium der Agrarwissenschaften an der TU München-Weihenstephan. Von 1990 bis 1991 für die Direktion für Ländliche Entwicklung Landau/Isar und die Regierung von Niederbayern tätig. Von 1991 bis 1994 Mitarbeiter am Lehrstuhl für Wirtschaftslehre des Landbaues in Weihenstephan. Promotion 1994. Seit 1994 Referent bei der Versicherungskammer Bayern in München.

Dipl.-Ing. agr. Rudolf Rauh
Geboren 1966. Von 1986 bis 1992 Studium der Agrarwissenschaften an der TU München-Weihenstephan. Von 1992 bis 1993 wissenschaftlicher Angestellter am Lehrstuhl für Angewandte landwirtschaftliche Betriebslehre. Seit 1993 bei der Bayerischen Treuhandgesellschaft AG Regensburg.

Priv. Doz. Dr. agr. Alois Heißenhuber
Geboren 1948. Von 1970 bis 1974 Studium der Agrarwissenschaften an der TU München-Weihenstephan. 1974/75 Zusatzstudium in Pädagogik und Psychologie an der TU München. 1976 Staatsexamen. 1982 Promotion und 1989 Habilitation an der TU München-Weihenstephan.

Prof. Dr. agr. Ernst Berg
Geboren 1948. Von 1967 bis 1972 Studium der Agrarwissenschaften, 1976 Promotion und 1980 Habilitation an der Universität Bonn. Von 1980 bis 1981 Postdoctoral Fellow an der Michigan State University in den USA. Lehrstuhlvertretung 1981 bis 1982 an der Universität Gießen und von 1986 bis 1989 an der Universität Hannover. Lehrstuhlinhaber von 1989 bis 1993 an der TU München-Weihenstephan und seit 1993 an der Universität Bonn.

Die Deutsche Bibliothek – CIP-Einheitsaufnahme

ISBN-13: 978-3-8154-3523-6 e-ISBN-13: 978-3-322-89193-8
DOI: 10.1007/ 978-3-322-89193-8

Vorwort

Die Forderung nach einer Honorierung der von der Landwirtschaft erbrachten externen Leistungen spielt in der gegenwärtigen agrarpolitischen Diskussion eine bedeutende Rolle. Das vorliegende Buch soll einen Beitrag zu dieser Diskussion leisten. Durch die Analyse verschiedener Honorierungsansätze, insbesondere für den Bereich ökologischer Leistungen, sollen die Möglichkeiten und Probleme bei der Entlohnung externer Leistungen aufgezeigt werden.

Die Verfasser bedanken sich beim Bayerischen Staatsministerium für Ernährung, Landwirtschaft und Forsten für die Bereitstellung der finanziellen Mittel zur Bearbeitung dieses Forschungsvorhabens. Insbesondere Dank gebührt Ministerialrat Dr. Theo Weber für sein Engagement und die wertvolle Unterstützung.

Des weiteren sei ein herzlicher Dank allen Personen ausgesprochen, die während der Erstellung der Arbeit kontaktiert wurden und die durch vielfältige Anregungen zum Gelingen beigetragen haben. In vorausgehenden Forschungsarbeiten haben Prof. Dr. Heinz Ahrens, Prof. Dr. Jörg Pfadenhauer und Dr. Christian Ganzert wichtige Aspekte herausgestellt, die in die vorliegende Arbeit eingegangen sind. Für die Bereitstellung der finanziellen Mittel in diesem Zusammenhang sei dem Bayerischen Staatsministerium für Landesentwicklung und Umweltfragen gedankt.

Die Angehörigen des Lehrstuhles für Wirtschaftslehre des Landbaues an der Technischen Universität München-Weihenstephan, vor allem Prof. Dr. Hugo Steinhauser, haben den Verfassern umfangreiche Unterstützung zukommen lassen.

Weihenstephan, August 1995

Herbert Hofmann
Rudolph Rauh
Alois Heißenhuber
Ernst Berg

Inhalt

1 Einleitung

Die Entwicklung der Landbewirtschaftung in den letzten Jahrzehnten war gekennzeichnet durch erhebliche Produktionssteigerungen infolge der Nutzung des technischen Fortschritts und durch die damit einhergehende Steigerung der Bewirtschaftungsintensität. Dies führte zu Produktionsüberschüssen auf der einen und zu einer Reihe von Umweltproblemen auf der anderen Seite. Gleichzeitig erbringt die Landwirtschaft auch positive externe Leistungen, deren stärkere Entlohnung häufig gefordert wird. In jüngster Zeit wird die Frage intensiv diskutiert, auf welche Weise eine angemessene Honorierung dieser gesamtgesellschaftlichen Leistungen erfolgen könnte. Im Laufe der letzten Jahre wurden Programme entwickelt, die das Erbringen externer Leistungen (meist ökologischer Art) der Landwirtschaft durch relativ spezifische Förderungen unterstützen sollen.

Die Diskussion spielt sich ab vor dem Hintergrund eines tiefgreifenden Wandels in der EU-Agrarpolitik durch die Umsetzung der EU-Agrarreform. Dabei wird erstmalig ein Konzept angewandt, das Preis- und Einkommenspolitik voneinander trennt. Durch die Senkung der Preise sollen Marktordnungskosten eingespart werden. Eine Verminderung der Produktionsmengen wird über die obligatorische Flächenstillegung sowie eine erwartete Verringerung der Bewirtschaftungsintensität angestrebt. Zum Ausgleich für etwaige Einkommensverluste werden flächengebundene Transferzahlungen an die Betriebe gewährt. Flankierende Maßnahmen sollen die Umsetzung des Konzeptes stützen sowie ökologischen Zielen dienen.

Die folgenden Ausführungen sollen einen Beitrag zur Diskussion um die Honorierung externer (insbesondere ökologischer) Leistungen der Landwirtschaft leisten. Soweit möglich wird versucht, aus den Erkenntnissen Schlüsse zu ziehen, die schließlich in die Formulierung eines Anforderungskatalogs münden sollen. Letztlich soll ein Vorschlag für ein entsprechendes Konzept in groben Zügen ausgearbeitet werden.

Das vorliegende Buch ist inhaltlich in drei Teile gegliedert.

Im ersten Teil wird nach einer Bestimmung der relevanten Begriffe ein Überblick über die gesellschaftspolitischen und rechtlichen Aspekte der Honorierbarkeit externer Leistungen der Landwirtschaft gegeben. Daran schließt sich die Beurteilung der allgemeinen Effekte einer Honorierung ökologischer Leistungen der Landwirtschaft hinsichtlich betrieblicher, sektoraler, regionaler, gesamtgesellschaftlicher und ökologischer Wirkungen an.

Diese Analyse wird ergänzt durch die Erörterung charakteristischer Merkmale verschiedener Honorierungskonzepte, wie Ansatzpunkt, Meßbarkeit, Bewertung und Zielbildung.
In zweiten Teil werden bestehende Programme und geplante Modelle zur Entlohnung ökologischer Leistungen vorgestellt und nach den vorher beschriebenen Merkmalen gegliedert. Desweiteren erfolgt eine Analyse der spezifischen Vor- und Nachteile der verschiedenen Konzepte anhand ausgewählter Kriterien. Dabei sollen auch Programme erläutert und beurteilt werden, die nicht explizit umweltbezogene Ziele haben, sondern allgemein dazu beitragen, Rahmenbedingungen für das Erbringen externer Leistungen zu schaffen (z.B. Dorferneuerungsprogramm, Flurbereinigung, "5b-Programm").
Im abschließenden Teil werden die Ergebnisse zusammenfassend dargestellt und im Hinblick auf ein zu entwickelndes Konzept zur Entlohnung externer Leistungen der Landwirtschaft bewertet. Schließlich soll ein Vorschlag für ein derartiges Konzept aufgezeigt werden.

2 Begriffsbestimmungen

2.1 Externe Effekte

"Externe Leistungen" werden in der Terminologie der Wirtschaftswissenschaften als "positive externe Effekte" bezeichnet. Sie entstehen nach PIGOU (1932) dann, wenn der gesamtgesellschaftliche Nutzen einer privatwirtschaftlichen Tätigkeit mit dem privaten Nutzen nicht übereinstimmt (AHRENS 1992, S.118f.). Dieses Mißverhältnis besteht oft bei den sogenannten öffentlichen oder Kollektivgütern, wie den natürlichen Ressourcen, deren Vorzüge alle Wirtschaftssubjekte in Anspruch nehmen wollen, zu deren Bereitstellung jedoch nur eine geringe Bereitschaft in Form von materiellen und sonstigen Anstrengungen besteht (WICKE 1989, S.29). Positive externe Effekte liegen demnach vor, wenn eine wirtschaftliche Tätigkeit für Unbeteiligte Vorteile bringt, die diese kostenlos nutzen können. Bei negativen externen Effekten müssen die Unbeteiligten die Nachteile der wirtschaftlichen Tätigkeit anderer entschädigungslos hinnehmen.
Zum Ausgleich der entstandenen Nutzendifferenzen könnte einerseits der Verursacher in Höhe der externen Grenzkosten mit einer Steuer belastet werden (im Falle negativer externer Effekte), andererseits durch Zahlung

einer Prämie belohnt werden (bei positiven externen Effekten). Man spricht dann von einer "Internalisierung" der externen Effekte. Die Probleme in der praktischen Umsetzung liegen dabei in der Erfassung, Zurechnung und monetären Bewertung der externen Effekte. Ebenso schwierig ist die Unterscheidung zwischen der Vermeidung eines negativen externen Effektes einerseits und der Erzeugung eines positiven externen Effektes andererseits (AHRENS 1992, S.118ff.).

2.2 Ökologische Leistungen der Landwirtschaft

Die obige Definition der "positiven externen Effekte" ist zur Bestimmung des Begriffes "Ökologische Leistungen der Landwirtschaft" bzw. "Umweltleistungen der Landwirtschaft" anzuwenden. Von Umweltleistungen der Landwirtschaft kann demnach gesprochen werden, wenn der ressourcenschutzbezogene gesamtgesellschaftliche Nutzen einer landwirtschaftlichen Tätigkeit und der private Nutzen des Landwirtes nicht übereinstimmen.
Die Tatsache, daß ein landwirtschaftlicher Betrieb eine Umweltleistung erbringt, muß aber noch nicht zwingend bedeuten, daß diese auch honorierbar ist. Dafür müssen noch weitere Voraussetzungen gegeben sein. Nur wenn eine Umweltressource (z.B. sauberes Wasser, Vielfalt der Arten etc.) von einer Knappheit gekennzeichnet ist bzw. eine Knappheit in Zukunft begründet zu befürchten ist, ist eine Veranlassung dafür gegeben, positive Beiträge zum Schutz dieser Ressourcen als honorierbar anzusehen. AHRENS (1992, S.137) spricht von honorierbaren Umweltleistungen eines Landwirts, "*wenn er, obwohl ihm die Gesellschaft explizit oder implizit das relevante Verfügungsrecht über die jeweilige(n) Umweltressource(n) zugeprochen hat, die betriebswirtschaftlich optimale Nutzung (d.h. Umweltbelastung) einschränkt und auf diese Weise einen positiven Beitrag zur Realisierung eines oder mehrerer Schutzziele leistet.*"
Als eine weitere Voraussetzung ist also die Tatsache anzusehen, daß der Landwirt, um einen gesellschaftlich erwünschten Beitrag zum Ressourcenschutz zu leisten, auf die ökonomisch optimale Form der Landbewirtschaftung verzichtet. Die Umweltleistung darf also kein "kostenloses Koppelprodukt" der aus dem Gewinnstreben des Landwirtes heraus ohnedies durchgeführten Landbewirtschaftung sein. Wichtig ist in diesem Zusammenhang, daß sich die "betriebswirtschaftlich optimale Nutzung" hinsichtlich der

durchgeführten Wirtschaftsweise im jeweils gültigen rechtlichen Rahmen ("ordnungsgemäße Landbewirtschaftung") bewegt.
Umweltleistungen können in den Bereichen abiotischer, biotischer und ästhetischer Ressourcen erbracht werden. Die scharfe Trennung in diese drei Gruppen ist allerdings in der Realität weniger ausgeprägt, weil Maßnahmen zum Schutz einer Ressource nahezu immer auch einen (meist positiven) Einfluß auf die anderen Ressourcen haben. Als Beispiele für mögliche ökologische Leistungen im Bereich abiotischer Ressourcen sind die Vermeidung von Nitrat- und Pestizideintrag in das Grundwasser oder der Schutz des Bodens vor Erosion und Verdichtung anzuführen. Im Bereich biotischer Ressourcen können ökologische Leistungen z.B. vorliegen, wenn bestimmte Arten oder Tier- und Pflanzengesellschaften durch eine entsprechende Wirtschaftsweise in ihrem Bestand erhalten oder gefördert werden. Die Bestimmung ökologischer Leistungen im Bereich der ästhetischen Ressourcen (z.B. Landschaftselemente) ist schwierig, da es keine objektiven Meßverfahren gibt. Unter derartigen Leistungen werden oftmals ein abwechlungsreiches Landschaftsbild, eine hohe Vielfalt an Landschaftsbestandteilen und vielfältige Nutzungen aufgeführt. Im Falle einer drohenden Nutzungsaufgabe, z.B. auf Grenzertragsstandorten, kann u.U. auch die Aufrechterhaltung der Bewirtschaftung zu diesen Leistungen gezählt werden.

3 Bestimmungsgründe für die Honorierung ökologischer Leistungen der Landwirtschaft

Die Tatsache, daß von landwirtschaftlichen Betrieben honorierbare Umweltleistungen erbracht werden, ist noch nicht gleichbedeutend damit, daß diese auch tatsächlich honoriert werden müssen. Zur Abhandlung der Frage, ob ökologische Leistungen der Landwirtschaft honoriert werden sollen oder können, sind zunächst die gesellschaftspolitischen und rechtlichen Aspekte zu durchleuchten.
Die Meinungen hinsichtlich der Notwendigkeit und der Möglichkeiten zur Honorierung externer (ökologischer) Leistungen der Landwirtschaft gehen weit auseinander. Die Extremstandpunkte lauten:

- Keine Honorierung, da die meisten Leistungen sowieso als Koppelprodukt der Nahrungsmittelproduktion anfallen bzw von den Landwirten im Rahmen der Sozialbindung des Eigentums "pflichtgemäß" erbracht werden müssen.

- Honorierung z. B. (durch den Staat) mindestens in Höhe der entstehenden Einkommensnachteile bei besonderen Maßnahmen zum Ressourcenschutz und Gewährung eines allgemeinen Bewirtschaftungsentgeltes ohne zusätzliche Auflagen für die von der Landwirtschaft bisher kostenlos erbrachten "Leistungen" (z.B. Erhalt der Kulturlandschaft).

In der Literatur finden sich dazu teils gegensätzliche Aussagen. Ein neues Programm für die Bezahlung landeskultureller Leistungen, das ohne ertragsmindernde Auflagen möglichst alle Bauern in Anspruch nehmen können, die einen Hof nach guter fachlicher Praxis bewirtschaften, fordert der Präsident des Bayerischen Bauernverbandes, SONNLEITNER, von der bayerischen Staatsregierung (N.N. 1993a).
Der Bundesminister für Landwirtschaft, Ernährung und Forsten, BORCHERT, argumentiert, die Landwirtschaft erhalte die Kulturlandschaft, schaffe Erholungsräume für die Bevölkerung und Ausgleichsräume für die Ballungsgebiete. Da es für diese Leistungen keinen Marktpreis gebe, müsse der Staat dafür Sorge tragen, daß die Landwirtschaft diese Aufgaben erfüllen kann. Dies könne z.B. durch die Vergütung besonderer Leistungen im Bereich des Umwelt-, Natur- und Landschaftsschutzes geschehen (N.N. 1993b).
KÖHNE vertritt dagegen die Auffassung, daß ökologische Leistungen der Landwirtschaft keine neuen Einkommensquellen erschließen können. Sie seien nur dann honorierungsfähig, wenn sie in Abweichung vom einzelwirtschaftlichen Interesse erfüllt würden und nicht unter die Sozialpflichtigkeit fielen. Das Honorar müsse sich daher im wesentlichen auf den Ausgleich der wirtschaftlichen Nachteile beschränken (N.N. 1993c).
Ziel der Bundesregierung ist es nach STROETMANN, Staatssekretär im Bundesumweltministerium, die Landwirtschaft zu "ökologisieren". Die Regierung wolle diesen Prozeß durch ordnungspolitische und marktwirtschaftliche Mechanismen begleiten. Die dabei entstehenden Einkommensnachteile müßten von der Gesellschaft ausgeglichen werden. Dazu gehörten v.a. auch Leistungen für den Naturschutz. In der neuen Novelle des BNatschG werde die Honorierung dieser Leistungen gesetzlich verankert (N.N. 1993c).

3.1 Gesellschaftspolitische Aspekte der Honorierung ökologischer Leistungen

3.1.1 Umweltleistungen als Kollektivgut

Die Gewährung eines finanziellen Entgelts für die Bereitstellung von Umweltgütern nach marktwirtschaftlichen Prinzipien stößt auf Schwierigkeiten, da die Ressourcen einen hohen Öffentlichkeitsgrad aufweisen. Umweltgüter als Kollektivgüter können in der Regel von jedermann uneingeschränkt genutzt werden, ohne daß zu ihrer Bereitstellung ein Beitrag in finanzieller Form oder in Form eines Verzichts auf andere Güter geleistet werden muß. Hinzu kommt das auch in diesem Bereich vorzufindende "Trittbrettfahrerverhalten", das dazu führt, daß Umweltnutzer (Nutzer im eigentlichen Sinne und Schutzinteressierte) keine Kosten für die Erstellung eines Umweltgutes tragen. Sie nehmen an, daß alle anderen genauso handeln, bzw. daß die Bedeutung des eigenen Beitrages verschwindend gering ist, solange nicht alle anderen Nutzer des Kollektivgutes ebenfalls ihren Beitrag leisten. Zudem partizipieren ihrer Ansicht nach alle anderen Nutzer an dem geleisteten Beitrag, so daß die in Kauf genommenen Nachteile den erwarteten Nutzen übertreffen. Die häufig anzutreffende Handlungsweise sieht so aus, daß die Nutzer öffentlicher Güter deren Annehmlichkeiten gerne in Anspruch nehmen, solange von anderen die anfallenden Kosten getragen werden (WICKE 1991, S.41).

Die freie Zugänglichkeit, das scheinbar unbegrenzte Angebot und das Fehlen von Preisen als Knappheitssignal für Umweltgüter führen dazu, daß sich trotz abzeichnender Knappheiten an bestimmten Umweltgütern in diesem Bereich kein Markt bildet. Die Umweltleistungen sind quasi nichtmarktgängig, so daß der Staat zur Sicherstellung dieser Leistungen zumindest lenkend eingreifen muß. Gerade weil die Umweltgüter aber nicht marktgängig sind, stößt die Honorierung für deren Bereitstellung auch auf Probleme hinsichtlich der Bewertung.

Dem Knappheitsproblem von Kollektivgütern, der Tatsache, daß sich der ohnehin schwer feststellbare, mögliche Mangel an Umweltgütern kaum bewerten läßt, will man durch das "Vorsorgeprinzip" der Umweltpolitik zuvorkommen. Man versucht, vorausschauend zu handeln und durch Maßnahmen zum Ressourcenschutz das Knappwerden der Umweltgüter zu verhindern.

3.1.2 Umweltleistungen als positive externe Effekte

Im Zusammenhang mit dem beschriebenen Kollektivgutproblem sind die bereits oben genannten externen Effekte zu sehen. Gerade bei der Nutzung öffentlicher Güter treten Unterschiede zwischen den privaten und gesamtgesellschaftlichen Nutzenwerten auf. Die Internalisierung (s.o.) von positiven externen Effekten sollte nach PIGOU (1932, S.192) durch eine Ausgleichszahlung an den Verursacher erfolgen. Wer für die möglichen Ausgleichszahlungen aufkommt, die potentiellen Vorteilsnehmer oder der Staat, ist zunächst eine offen Frage.

COASE (1960) sieht das Problem der externen Effekte als reziproke Erscheinungen aufgrund einer Nutzungskonkurrenz bezüglich bestimmter Güter. Dabei liegt es im politischen Entscheidungsbereich des Gesetzgebers, wer bevorzugt wird, d.h. wem die Verfügungsrechte über das betreffende Umweltgut zugesprochen werden. Dadurch wird auch festgelegt, wer der "Verursacher" eines externen Effektes ist. Nach COASE ist es aus gesamtwirtschaftlicher Sicht ohne Bedeutung, wem die Verfügungsrechte zugeteilt werden. Auf der Basis möglicher privater Verhandlungen über die Übertragung dieser Rechte wird sich immer die volkswirtschaftlich effizienteste Nutzung der Ressource ergeben, da derjenige, der die Ressource am meisten "begehrt", diese in der Regel auch am produktivsten zu nutzen weiß (AHRENS 1992, S.120f.).

Übertragen auf die Landwirtschaft, müßte es im Falle des Vorliegens positiver externer Effekte nach COASE idealerweise möglich sein, daß in Verhandlungen mit den Nutzungskonkurrenten ein finanzieller Ausgleich in Höhe der externen Grenzkosten ausgehandelt wird. Die Voraussetzung dafür ist, daß den Landwirten das Verfügungsrecht über das entsprechende Umweltgut zugesprochen wurde.

In der Realität kommt es jedoch aus verschiedenen Gründen nicht zu den von COASE genannten Verhandlungen zum Ausgleich der Nutzendifferenzen, was auf folgende Zusammenhänge zurückzuführen ist (AHRENS 1992, S.122):

- Eine gemeinsame Verhandlungsposition der Schutzinteressierten wird durch die Neigung zum "Trittbrettfahrerverhalten" erschwert.
- In den meisten Fällen gibt es nicht nur zwei, sondern mehrere Verhandlungspartner.

- Die Transaktionskosten sind z.T. sehr hoch. Im Zusammenhang mit der Übertragung eines Verfügungsrechtes von einem Wirtschaftssubjekt auf ein anderes treten Kosten auf für:
  * das Finden der relevanten Verhandlungspartner;
  * das Führen der Verhandlungen bis zur Einigung;
  * das Abschließen des Vertrages;
  * die Kontrolle (Überwachung und Einhaltung des Vertrages).
- Die implizite Annahme der vollständigen Konkurrenz unter den potentiellen Umweltnutzern ist meist nicht gegeben.

Kann oder soll das Verfahren der privaten Verhandlungslösungen zur Bestimmung der gesellschaftspolitisch optimalen Umweltnutzung aus den oben genannten Gründen nicht angewendet werden, dann kann oder muß der Staat selbst aktiv werden. Dabei bestehen von seiten der Umwelt- und Naturschutzpolitik zwei Entscheidungssituationen, um für die Bereitstellung von Umweltgütern zu sorgen (AHRENS 1992, S.123):

"- *Die Verfügungsrechte liegen bei den Schutzinteressierten; dann müssen diejenigen, die die Naturgüter wirtschaftlich nutzen wollen, für ihr natur- und landschaftschädigendes Verhalten 'bestraft' werden. In diesem Fall tritt das 'Verursacherprinzip' in Kraft.*
- *Die Verfügungsrechte liegen bei denjenigen, die die Kollektivgüter wirtschaftlich nutzen wollen; dann müssen diese für den teilweisen Verzicht auf diese Rechte - soweit er nicht vom Verbraucher über die Bereitschaft zur Zahlung höherer Preise honoriert wird - entschädigt werden. Anders gesagt: Sie werden vom Staat für ihr ökologisch positives Verhalten 'belohnt'. Sie erhalten finanzielle Mittel dafür, daß sie auf die naheliegenden Nutzungsmöglichkeiten verzichten. In diesem Falle tritt das 'Gemeinlastprinzip', u.U. auch das 'Nutznießerprinzip', in Kraft."*

3.1.3 Verursacherprinzip und Gemeinlast- bzw. Nutznießerprinzip

Nach dem Verursacherprinzip muß derjenige, der eine Umweltbelastung physisch hervorruft, die Kosten der Vermeidung, Beseitigung oder des Schadensausgleiches tragen (BUNDESMINISTERIUM DES INNEREN 1972,

S.2). Dadurch werden die bei der Produktion bzw. Verbrauch entstehenden sozialen Zusatzkosten internalisiert. Die Anwendung des Verursacherprinzips hat in der Regel eine Technologiesubstitution (Einführung von umweltschonenden Produktionsverfahren) und/oder eine Marktsubstitution (Verteuerung des Endproduktes, die zu einer geringeren Nachfrage führt) zur Folge (AHRENS 1992, S.129).
Wenn eine Marktsubstitution nicht durchführbar ist, z.B. wenn der Preismechanismus nicht funktioniert wie im Falle direkter Eingriffe in den Markt bei EU-Agrarerzeugnissen oder auf vermachteten Märkten, dann kann in der Umweltpolitik das Gemeinlastprinzip zur Anwendung kommen, um die umweltpolitischen Ziele zu erreichen. Das Abweichen vom Verursacherprinzip, dem "Fundamentalprinzip der Umweltpolitik", kann auch in weiteren Ausnahmefällen begründet sein:

- bei Identifizierungs- und Zurechnungsproblemen;
- bei der Notwendigkeit zur Bewältigung eines akuten Umweltproblemes;
- zur Vermeidung unerwünschter wirtschaftlicher Nebeneffekte.

Beim Gemeinlastprinzip werden die Kosten des Ressourcenschutzes von der öffentlichen Hand bzw. dem Steuerzahler übernommen. AHRENS (1992, S.125) bezeichnet Ausgleichszahlungen nach dem Gemeinlastprinzip als den *"Preis für die teilweise oder vollständige Übertragung eines Verfügungsrechtes von den Nutzungsberechtigten an die schutzinteressierte Öffentlichkeit"*. Der Staat übernimmt die "Produktion" von Umweltgütern als eigenen Aufgabenbereich.
In den letzten Jahren wurden Ausgleichszahlungen aufgrund freiwilliger Vereinbarungen und Ausgleichszahlungen aufgrund von Auflagen vermehrt als Instrumente der Agrarumweltpolitik eingeführt. Dieses Vorgehen hat den Vorteil, daß dadurch weniger Härten für die Landwirte aufgrund erhöhter Anforderungen des Umweltschutzes auftreten. Umweltpolitische Maßnahmen nach dem Verursacherprinzip würden für die Landwirte häufig eine plötzliche und gravierende Änderung der wirtschaftlichen Rahmenbedingungen bedeuten. Die Landwirte haben durch die bisherige EU-Agrarpolitik in Form der gestützten Preise in gewissem Grade eine Garantie hinsichtlich der Einkommen erhalten und daraufhin entsprechende, langfristige Entscheidungen (z.B. Investitionen) getroffen. Die zu erwartenden finanziellen Einbußen durch umweltschutzbedingte Mindererträge und Mehrkosten können wegen der gestützten Preise nicht auf die Produktpreise über-

wälzt werden. Die Kompensationszahlungen haben somit den Charakter eines Nachteilsausgleichs für erhöhte Umweltanforderungen. Dadurch sollen auch vorhandene verteilungspolitische Disparitäten innerhalb der Landwirtschaft nicht weiter erhöht werden.

Neben möglichen negativen Allokationswirkungen, die im Bereich der Landwirtschaft vor allem bei Produkten ohne Garantiepreissystem zu erwarten sind, hat die Anwendung des Gemeinlastprinzips einige weitere Nachteile (AHRENS 1992, 126f.):

- Die Abgrenzung von Kriterien, nach denen Ausgleichszahlungen gewährt werden sollen, wird nie die Zustimmung aller betroffenen Interessengruppen finden.
- Die Erhaltung bzw. Verbesserung der Umweltqualität hängt, wenn sie durch die Anwendung des Gemeinlastprinzips herbeigeführt werden soll, von den jeweiligen Finanzierungsmöglichkeiten des Staates ab. Dies gewinnt im Zuge sich abzeichnender Haushaltsrestriktionen immer mehr an Aktualität.
- Landwirte könnten ermuntert werden, schädigende Tätigkeiten aufzunehmen, um Kompensationszahlungen zu erhalten (sog. "strategisches Verhalten").
- Durch die große Zahl der Landwirte entstehen bei Ausgleichszahlungen für freiwillige Bewirtschaftungsvereinbarungen durch die hohe Zahl an Verträgen und deren Kontrolle hohe Transaktionskosten.
- Bislang (bis vor Umsetzung der EU-Agrarreform) mußten aufgrund des hohen Stützpreisniveaus für ertragsmindernde Ressourcenschutzanforderungen überhöhte Kompensationszahlungen geleistet werden.
- Andere gesellschaftliche Gruppen könnten dieselben Ausnahmeregelungen wie die Landwirtschaft durchzusetzen versuchen. Das Verursacherprinzip, das dem allgemeinen Gerechtigkeitsempfinden entspricht, wird dadurch untergraben.

Die genannten Nachteile des Gemeinlastprinzips treten auch beim Nutznießerprinzip auf. Jedoch zahlen beim Nutznießerprinzip die direkten Nutznießer (nicht die Steuerzahler) einer umweltpolitischen Maßnahme den (möglichen) Umweltverschmutzern einen Ausgleich für die Unterlassung der Umweltbeeinträchtigung, um entstehende Verluste bei diesem zu egalisieren. Hier wie auch beim Gemeinlastprinzip leidet das Image der Landwirtschaft, da die Ausgleichszahlungen als Prämierung des Verzichts auf ein umweltschädigendes (wenn auch bislang erlaubtes) Verhalten verstanden werden können.

3.1.4 Kooperationsprinzip und Subsidiaritätsprinzip

Das obengenannte Zustandekommen von Verhandlungslösungen würde dem Kooperationsprinzip als einem der Grundsätze der Agrarumweltpolitik entsprechen. Unter dem Kooperationsprinzip versteht man die Mitverantwortung und Mitwirkung der von umweltbeeinträchtigenden Aktivitäten Betroffenen sowie aller wesentlichen gesellschaftlichen Gruppen und in Einzelfällen der von umweltpolitischen Maßnahmen unmittelbar Betroffenen an der Formulierung der umweltpolitischen Ziele und ihre Beteiligung an der Planung und Durchführung von umweltschützenden Maßnahmen (WICKE 1991, S.144). Diese Gedanken decken sich mit dem Subsidiaritätsprinzip, das u.a. auch als Grundsatz für die Politik der EU in den Maastrichter Verträgen niedergelegt wurde:
"*Der Anwendung des Subsidiaritätsprinzips im institutionellen Bereich liegt ein einfacher Gedanke zugrunde: Ein Staat oder Staatenbund verfügt nur über die Zuständigkeiten, die Personen, Familien, Unternehmen und lokale oder regionale Gebietskörperschaften nicht allein ausüben können, ohne dem allgemeinen Interesse zu schaden. Dies soll gewährleisten, daß Entscheidungen möglichst bürgernah getroffen werden, daß die von den höchsten politischen Ebenen durchgeführten Maßnahmen begrenzt werden*" (N.N. 1992).
Diese Überlegungen gründen sich auf der Erfahrung, daß eine unmittelbare Beteiligung der Bürger und kurze Entscheidungswege bei bestimmten Maßnahmen von allgemeinem Interesse sich positiv auf die Effizienz des Mitteleinsatzes und den Erfolg, der wesentlich durch Mitverantwortung und Eigeninitiative der Bevölkerung bestimmt ist, auswirken. Weitere Aspekte dabei sind die Vermeidung eines hohen administrativen Aufwandes und von Reibungsverlusten bei Maßnahmen, die von höheren Ebenen durchgeführt werden.

3.2 Rechtliche Aspekte der Honorierung ökologischer Leistungen

Die Verteilung der Verfügungsrechte ist von zentraler Bedeutung für die Frage, ob ökologische Leistungen honoriert werden sollen. Es ist zu betonen, daß es sich hierbei nicht um eine wissenschaftliche Fragestellung handelt, vielmehr liegt sie im politischen Entscheidungsbereich bzw. muß vom Gesetzgeber geregelt werden. Die Wissenschaft kann allerdings naturwissenschaftliche oder ökonomische Zusammenhänge aufzeigen und dadurch Entscheidungshilfen für die Politik liefern und so zum politischen Willensbildungsprozeß beitragen.

Bislang ist die Verteilung der Verfügungsrechte an Umweltgütern im Bereich der Landwirtschaft nicht vollständig geklärt. Den Landwirten als Eigentümer oder Nutzer von Grund und Boden sind nach dem Gesetz von der Gesellschaft keine uneingeschränkten Verfügungsrechte über die Umweltressourcen Boden, Tier- und Pflanzenarten, Biotope, Luft und Grundwasser übertragen. Vielmehr ist mit dem bestehenden Eigentumsrecht eine Sorgfaltspflicht verbunden, die mit dem Begriff "Sozialpflichtigkeit des Eigentums" umschrieben wird. Dieser Grundsatz hat mit dem "Naßauskiesungsurteil" vom 15.7.1981 Eingang in die Rechtsprechung gefunden, wobei auch das Verursacherprinzip als "Fundamentalprinzip der Umweltpolitik" angewendet wurde. Die Entscheidung des Bundesverfassungsgerichtes kann dahingehend gedeutet werden, daß den Landwirten ehemals implizit übertragene Verfügungsrechte über die Ressourcen wieder entzogen wurden (BUNDESVERFASSUNGSGERICHT 1982; NICK 1982).

Eine Kehrtwende bezüglich der rechtlichen Behandlung des Verfügungsrechtes am Grundwasser wurde in der Novellierung des Wasserhaushaltsgesetzes (WHG) von 1987 vorgenommen (BLANKART 1987). Die Landwirte erhalten demnach (WHG § 19) für wirtschaftliche Nachteile aufgrund erhöhter Anforderungen, die die ordnungsgemäße land- und forstwirtschaftliche Nutzung eines Grundstücks beschränken, einen angemessenen Ausgleich, soweit keine Entschädigungspflicht besteht (AHRENS 1992, S.128). Eine Fortsetzung der Anwendung des "Gemeinlastprinzips" in der Umweltpolitik ist in der anstehenden Novellierung des Bundesnaturschutzgesetzes (BNatSchG) zu sehen, wonach ebenfalls ein Ausgleich für auflagenbedingte wirtschaftliche Nachteile gewährt werden soll. Ähnlich wird in einer Vielzahl von Natur- und Umweltschutzprogrammen verfahren. Die Landwirte schließen dabei privatrechtliche Bewirtschaftungsvereinbarungen mit den zuständigen Behörden ab. Somit lassen sie sich einen Teil des Verfügungsrechtes über die Nutzung des Bodens von der "Gesellschaft" abkaufen. Diese Art der Honorierung ökologischer Leistungen der Landwirtschaft ist nicht unumstritten, da sie oft mit einem Entgelt für eine Schadensvermeidung gleichgesetzt wird (GIEßÜBEL-KREUSCH 1989, S.222). Der Gesetzgeber hat dagegen die Honorierungswürdigkeit auflagenbedingter Leistungen, wie z.B. das Anwendungsverbot bestimmter Pflanzenschutzmittel in Wasserschutzgebieten, in § 19 Abs. 4 des WHG und § 3b Abs. 2 der Novelle des BNatschG anerkannt. Der Grundsatz der Sozialpflichtigkeit des Eigentums erfährt damit eine dehnbare Auslegung, würde aber durch eine genaue Definition der darin erwähnten "ordnungsgemäßen Landwirtschaft" konkretisiert werden. Mit der Novellierung des Wasserhaushaltsgesetzes sind den Landwirten die Verfügungsrechte im Bereich des Grundwassers quasi "rückübertragen" worden, nachdem sie ihnen vorher in der Entscheidung zum "Naßauskiesungsurteil" entzogen worden waren. Im Bereich der anderen natürlichen Ressourcen scheint man in der Agrarumweltpolitik ebenso von einer Übertragung der Verfügungsrechte auf die Landwirte auszugehen. Aus gesellschaftspolitischer Sicht ist diese Frage keineswegs geklärt. Vielmehr wird in Fällen, in denen es um die "Vermeidung von Umweltschäden" geht, von verschiedenen Seiten die Forderung nach Anwendung des Verursacherprinzips als "Fundamentalprinzip der Umweltpolitik" laut. Oft wird die Meinung vertreten, daß vor allem für Bewirtschaftungsbeschränkungen zum Schutz der abiotischen Ressourcen keine Ausgleichszahlungen vorgesehen werden sollten.

3.3 Zusammenfassung der wesentlichen gesellschaftlichen und rechtlichen Aspekte

Unter "**positiven externen Effekten**" ist zu verstehen, daß der gesamtgesellschaftliche Nutzen einer privatwirtschaftlichen Tätigkeit und deren privater Nutzen nicht übereinstimmen, d.h. daß eine wirtschaftliche Tätigkeit für Nichtbeteiligte Vorteile bringt, die diese kostenlos nutzen können.

Auf den Begriff "**Umweltleistungen der Landwirtschaft**" bezogen bedeutet dies, daß der ressourcenschutzbezogene gesamtgesellschaftliche Nutzen einer landwirtschaftlichen Tätigkeit und der private Nutzen des Landwirtes nicht übereinstimmen, d.h. die Landbewirtschaftung im Bereich des Ressourcenschutzes für Nichtbeteiligte Vorteile bringt, die diese kostenlos nutzen können.
Als **Voraussetzungen für eine Honorierbarkeit von Umweltleistungen der Landwirtschaft** sind folgende Punkte anzusehen:
- Die Knappheit einer Umweltressource besteht oder ist zu erwarten.
- Der Landwirtschaft wurden von der Gesellschaft die Verfügungsrechte über die Ressource erteilt.
- Die Landwirtschaft verzichtet zugunsten eines gesellschaftlich erwünschten Beitrages zum Ressourcenschutz auf eine zulässige (ordnungsgemäße), ökonomisch optimale Form der Landbewirtschaftung, d.h., die Umweltleistung stellt kein für den Landwirt "kostenloses" Koppelprodukt der Bewirtschaftung dar.

Als **Gründe für eine gesonderte Honorierung von Umweltleistungen der Landwirtschaft** sind anzuführen:
- Die Aufrechterhaltung einer ökologisch erwünschten Form der Landbewirtschaftung ist unter den gegebenen Rahmenbedingungen gefährdet.
- Das Ausmaß des geforderten Ressourcenschutzes liegt über dem gesetzlich festgelegten bzw. ohne Ausgleichszahlungen politisch realisierbaren Niveau.

Als **Gründe für die Nichtanwendung des Verursacherprinzips** sind in diesem Zusammenhang zu nennen:
- Die Kosten für Umweltauflagen sind aufgrund des Preisstützungssystems bei den meisten landwirtschaftlichen Produkten zumindest kurzfristig nicht auf den Preis überwälzbar, dadurch wird die ohnedies bereits ungünstige Wettbewerbskraft vieler betroffener Betriebe weiter verschlechtert.

- Eine Verschärfung der Umweltauflagen kann wegen auftretender Härten nicht abrupt vorgenommen werden (Vertrauensschutz).

- Der genaue Verursacher eines Umweltschadens kann nicht ermittelt werden (Identifizierungs- und Zurechnungsprobleme).

- Die Lösung eines akuten Umweltproblemes ist politisch schwer realisierbar und daher zu zeitaufwendig.

Die **Gründe für Nichtanwendbarkeit des Nutznießerprinzips** liegen in folgenden Punkten:

- Meist sind nicht nur zwei, sondern mehrere Schutzinteressierte vorhanden, die freie Zugänglichkeit der Ressourcen und die damit verbundene Tendenz zum "Trittbrettfahrerverhalten" erschwert eine gemeinsame Verhandlungsposition.

- Hohe Transaktionskosten für das Finden der relevanten Verhandlungspartner, das Führen der Verhandlungen zum Vertragsabschluß und die Kontrolle treten auf.

- Es gibt keine vollständige Konkurrenz unter den Umweltnutzern.

4 Effekte einer Honorierung ökologischer Leistungen der Landwirtschaft

In den vorhergehenden Kapiteln wurde das Spannungsfeld beschrieben, das den Rahmen bildet für Überlegungen zu Konzepten für die Honorierung ökologischer Leistungen der Landwirtschaft. Die nun folgende Erörterung möglicher Effekte einer Honorierung auf betrieblicher, sektoraler, regionaler und gesamtgesellschaftlicher Ebene sowie hinsichtlich der ökologischen Ergebnisse soll unter der Prämisse erfolgen, daß eine finanzielle Besserstellung der Landwirte im Vergleich zu einer Situation ohne Honorierung realisiert werden kann. Dies ist immer dann zu erwarten, wenn die Mitwirkung der Landwirtschaft an der Realisierung ökologischer Ziele auf freiwilliger Basis erfolgt. Spezielle Einflüsse der charakteristischen Ausgestaltungsformen der Konzepte bzw. Programme sollen zunächst nicht berücksichtigt werden, diese werden im anschließenden Kapitel 5 abgehandelt.

4.1 Betriebliche Wirkungen

Aus einzelbetrieblich-ökonomischer Sicht wäre eine Teilnahme der Landwirte an den derzeitigen Programmen und gedachten Modellen vorteilhaft, wenn die gewährten Kompensationszahlungen die durch die Programminhalte herbeigeführten Einkommenseinbußen übersteigen. Unter der Voraussetzung, daß die Programmteilnahme freiwillig ist, trägt sie in der Regel zur Erhöhung der Bodenrente sowie damit auch der Einkommen der Betriebe und/oder der Flächeneigentümer (Überwälzung auf Pachtpreise) bei.

Die bisher angebotenen Programme zur Honorierung ökologischer Leistungen haben gezeigt, daß vor allem schon extensiv wirtschaftende Betriebe daran teilnehmen, da sie die Anforderungen z.T. bereits erfüllen und die Ausgleichszahlungen eventuell auftretende Einkommenseinbußen mehr als kompensieren. Intensiv geführte Betriebe oder Betriebe mit guten Standortvoraussetzungen müßten dagegen in der Regel beträchtliche Einkommenseinbußen in Kauf nehmen, wenn sie die gesetzten Auflagen und Anforderungen einhalten wollten, so daß die Prämien als Ausgleich nicht ausreichen und daher entsprechend der hohen relativen Wettbewerbskraft der landwirtschaftlichen Produktion erhöht werden müßten. Auf Standorten, bei denen aufgrund mangelnder Alternativen die Aufgabe der landwirtschaftlichen Nutzung zu erwarten wäre, kann durch das Angebot staatlicher Förderprogramme wieder ein stärkeres Interesse an der Bewirtschaftung festgestellt werden. Dann hängt die Bereitschaft zur Aufrechterhaltung der Landbewirtschaftung von der geforderten Mindestentlohnung für die eingesetzten Arbeitsstunden ab. Diese Stundenverwertung stellt gleichzeitig den Einkommenseffekt dar, da ja ohne Programme die Flächen nicht bewirtschaftet und somit auch keine Einkommen erzielt würden. Dies kann z.B. von besonderer Bedeutung für Grünlandflächen ohne Milchkontingent sein, die anderweitig nicht mehr genutzt werden würden. In zunehmendem Maße ist die Landschaftspflege praktisch ein eigener Betriebszweig mit relativ großem Anteil am Gesamteinkommen. Die Tatsache, daß Programme zur Honorierung ökologischer Leistungen besonders in Betrieben bzw. in Regionen mit relativ geringer Ertragsfähigkeit bzw. bereits relativ extensiver Wirtschaftsweise in Anspruch genommen werden, kann im Prinzip unabhängig von der Frage der Ausgestaltung nach einem ergebnis- oder handlungsorientierten Ansatz und einer exogenen oder endogenen Zielvorgabe (vgl. Kap. 5) gesehen werden. Die Umsetzung von Naturschutzzielen wird in "Extensivregionen" hinsichtlich des Bedarfs an finanziellen Mitteln immer leichter fallen als in "Intensivgebieten".

Wichtig für die Frage, ob eine Programmteilnahme aus ökonomischer Sicht interessant sein kann, ist die einzelbetriebliche Anpassungsfähigkeit. In der Praxis ist festzustellen, daß gezielte Änderungen der Betriebsorganisation bisher nur selten vorgenommen werden, um dadurch die Voraussetzungen zur Programmteilnahme zu schaffen. Demgegenüber spielen die Fördermöglichkeiten häufiger eine größere Rolle in den Überlegungen der Landwirte, wenn ohnedies eine betriebliche Veränderung (z.B. Aufgabe der Milchviehhaltung) ansteht. Vor allem wenn eine Verpachtung der Flächen in Erwägung gezogen wird, erscheint das Angebot staatlicher Förderprogramme oftmals in einem anderen Licht. Nicht selten übertrifft die Fördersumme den erzielbaren Pachtzins, und häufig kann z.B. bei Nutzungsüberlassung (z.B. zur Heuernte) trotz entsprechender Auflagen noch zusätzlich ein gewisses Entgelt erwartet werden.

Je nachdem, wie die Honorierungshöhe für die jeweilige ökologische Leistung festgelegt wird, kommt es zu mehr oder weniger großen Mitnahmeeffekten. Vor allem wenn ohne Regionalbezug (z.B. landesweit) die gleiche Förderhöhe festgelegt wird, sind diese in relativ starkem Maße zu erwarten. Je mehr zu einer regionalen Staffelung mit möglichst genauer Kostenermittlung übergegangen wird, desto kleiner können die Mitnahmeeffekte gehalten werden.

Grundsätzlich sind Mitnahmeeffekte nicht vollständig zu verhindern. Eine Möglichkeit zu einer Verringerung wäre der Ausschluß bereits vorher umweltschonend wirtschaftender Betriebe von der Honorierung (z.B. durch die Festlegung eines Stichtages). Diese Vorgehensweise bringt allerdings einige Probleme mit sich:

- Auf nicht geregelten Märkten (wie z.B. bei Produkten des ökologischen Landbaues) kann es durch eine Umstellungsförderung zu einer negativen Preisentwicklung über die steigenden Produktmengen kommen, wovon auch und insbesondere die bereits seit längerer Zeit nach den geforderten Kriterien wirtschaftenden Betriebe betroffen sind.
- Die sinkenden Preise und der fehlende Ausgleich über Programme bergen die Gefahr, daß die bisher durchgeführte ressourcenschonende Wirtschaftsweise nicht mehr konkurrenzfähig ist und somit eingestellt wird.

- Von der Förderung ausgeschlossene Landwirte werden nach Umgehungsmöglichkeiten suchen (z.B. Betriebsteilungen, Scheinverträge...). Dabei werden sie den Rahmen des Gesetzes soweit wie möglich ausschöpfen. Je mehr die Regelungen von den Landwirten als ungerecht empfunden werden, umso geringer werden aber auch die moralischen Bedenken gegen eine Verletzung der vorgegebenen Bestimmungen. In diesem Zusammenhang spielt auch das "strategische Verhalten" (bewußt ökologisch schädliches Verhalten, um eine Verbesserung honoriert zu bekommen) eine Rolle.

4.2 Sektorale Wirkungen

Die möglichen Wirkungen einer Honorierung ökologischer Leistungen auf das Gesamteinkommen des Sektors Landwirtschaft sowie die Verteilung der Finanzmittel innerhalb des Sektors und die damit eventuell verbundenen Auswirkungen auf die Struktur der Betriebe hängen ganz entscheidend davon ab, wie hoch die bereitgestellte Gesamtsumme ist und nach welchen Kriterien die Auszahlung erfolgt.
Desweiteren ist es von Bedeutung, ob die für die Förderung von Umweltleistungen vorgesehenen Mittel im Agrarhaushalt zusätzlich bereitgestellt werden oder ob sie an anderer Stelle eingespart werden müssen. Im ersten Fall wird der Agrarsektor insgesamt gesehen finanziell besser gestellt, im zweiten wird eine Umverteilung innerhalb des Sektors nötig. Profitieren dürfte dann in erster Linie die Landwirtschaft in benachteiligten Gebieten. Dort ist von bedeutenden Einflüssen der Förderprogramme sowohl auf die Struktur der landwirtschaftlichen Betriebe als auch auf das Gesamteinkommen der Landwirtschaft auszugehen. Demgegenüber werden in Gunstlagen aufgrund der geringen Teilnahmeanreize nur wenige Betriebe durch die Umweltschutzprogramme Vorteile erlangen.
Da die Fläche zur Landschaftspflege nicht beliebig ausdehnbar ist und auch z.B. flächengebundene Förderbeträge nicht übermäßig gesteigert werden können, ist in einer abgegrenzten Region diese Einkommensmöglichkeit "mit einer Obergrenze versehen". Es stellt sich die Frage, wie stark das Interesse zur Ausübung derartiger Tätigkeiten ist, wie viele Betriebe hier also mitein-

ander konkurrieren. Davon hängt es wiederum ab, ob sich die finanziellen Mittel auf viele Betriebe verteilen (und somit der Einkommensbeitrag pro Betrieb gering bleibt) oder ob einige wenige Betriebe sich dadurch ein zweites Standbein mit bedeutendem Anteil am Gesamteinkommen schaffen können.

Eine weitere Frage im Zusammenhang mit der Honorierung ökologischer Leistungen ist darin zu sehen, inwieweit die zur Zielerreichung anzuwendende "Produktionstechnik" mit der herkömmlichen landwirtschaftlichen Produktion vereinbar ist oder diese sogar als Voraussetzung zur Erbringung der Leistung anzusehen ist. Daraus wären dann Schlüsse zu ziehen, ob die Struktur der Betriebe oder die Zusammensetzung ihrer Produktionsverfahren wesentlich beeinflußt wird. Zu rechnen ist in jedem Fall mit einer gewissen Umorientierung zugunsten von Verfahren mit relativ geringem Einsatz ertragssteigernder Produktionsmittel. Im Extremfall könnten traditionelle Bewirtschaftungsweisen (z.B. Grünlandnutzung über Rinderhaltung) völlig zurückgedrängt werden und an deren Stelle Formen der aktiven Landschaftspflege treten.

Eine Konsequenz der Erhöhung der Bodenrente kann eine Verstärkung des Wettbewerbs um verfügbare Pachtflächen und in der Folge ein Anstieg der Pachtpreise sein. Welche Beträge hier jeweils zu erwarten sind, hängt einerseits von den möglichen ökonomischen Auswirkungen durch die Auflagen ab und andererseits von den regionalen Wettbewerbsverhältnissen auf dem Pachtmarkt. Insbesondere bei auf Dauer angelegten Zahlungen ist die Tendenz festzustellen, daß sie auf Pachtpreise oder auch Bodenwerte überwälzt werden, was die von einigen Gruppen erwünschte Einkommenswirksamkeit für die landwirtschaftlichen Betriebe schmälert. Außerdem können sie als Hemmnis für einen prinzipiell notwendigen Strukturwandel in der Landwirtschaft angesehen werden. Dies trifft allerdings auf alle Maßnahmen zu, die zur Erhöhung der Bodenrente beitragen. Erwähnt sei hier nur die Preisstützung für landwirtschaftliche Produkte.

Das Angebot von Transferzahlungen kann zu einer anderen Allokation betrieblicher Ressourcen führen, als dies ohne deren Existenz der Fall wäre. Unter Umständen kann sogar eine Situation eintreten, daß Veränderungen, die aus ökologischer Sicht erwünscht wären, unterbleiben, weil eine relativ intensive Produktionsweise über die Förderprogramme gestützt wird. Als typisches Beispiel hierfür kann die kaum mögliche Etablierung extensiver, großflächig betriebener Viehhaltungsverfahren (v.a. in Realteilungsgebieten) genannt werden. Häufig führen in diesen Regionen Betriebe, die selbst die Viehhaltung schon aufgegeben haben, trotzdem noch die Mahd mit Heuernte durch, weil von den angebotenen Förderprogrammen ein genügend starker Anreiz zur weiteren Nutzung ausgeht. Dies bedeutet aber auch, daß die entsprechenden Flächen für die Nutzung über extensive Viehhaltung nicht zur Verfügung stehen. Zumindest dann, wenn es primär um die Offenhaltung der Landschaft und weniger um die Art der Bewirtschaftung geht, sind derartige mögliche Wirkungen von Förderprogrammen kritisch zu beurteilen. Denn die großflächig betriebenen Verfahren der extensiven Beweidung (z.B. Wanderschafhaltung) wären auf die Fläche bezogen mit dem geringsten Förderbedarf aufrecht zu erhalten. Wie diese Zusammenhänge insgesamt zu sehen sind, hängt unter anderem auch von den verfolgten ökologischen Zielen ab.

4.3 Regionale Wirkungen

In Gebieten, in denen aufgrund einer geringen Rentabilität insgesamt die Aufgabe der landwirtschaftlichen Nutzung droht (z.B.: Bayerischer Wald, Brandenburg, Rhön etc.), können derartige Programme zu deren Aufrechterhaltung beitragen. Die oben als "Mitnahmeeffekt" bezeichneten Geldbeträge sind für Bewirtschafter oder auch Eigentümer einkommenswirksam, so daß davon ein Anreiz zur Weiterbewirtschaftung zumindest im Nebenerwerb ausgeht. Betrachtet man allein den Bewirtschafter, so ist dies meist gleichbedeutend damit, daß der Hauptwohnsitz der Familie in der Region belassen wird, wodurch zumindest in gewissem Umfang Kaufkraft erhalten bleibt. Man kann davon ausgehen, daß dieses zusätzliche Einkommen zumindest teilweise für investive und konsumptive Zwecke verwendet wird und dadurch der regionalen Wirtschaft zugute kommt. Die Frage ist dabei jedoch, ob überhaupt noch die Möglichkeit besteht, diese Kaufkraft in der Region wirken zu lassen, z.B. ob Güter des täglichen Bedarfes vor Ort gekauft werden können. Zu bedenken ist auch, daß neben diesen intersektoralen auch noch interregionale Einkommensumverteilungen auftreten können, z.B. wenn die Bodeneigentümer außerhalb der Region wohnen. Eine solch große Streuung der Mittel, bei der der Adressatenkreis nicht exakt abzugrenzen ist, dürfte aus verteilungspolitischen Erwägungen nicht gewünscht sein.
Eine weitere Wirkung ist in einer möglicherweise aufrechterhaltenen Nach-

frage nach landwirtschaftlichen Vorleistungsgütern bzw. in dem Erhalt von Arbeitsplätzen im nachgelagerten Bereich (Handel bzw. Weiterverarbeitung der erzeugten Güter) zu sehen. Gerade die vor- und nachgelagerten Unternehmen sind vom Rückzug der Landwirtschaft in bestimmten Regionen besonders betroffen. Fraglich ist jedoch, ob der nachgelagerte Bereich der Landwirtschaft von einer Honorierung ökologischer Leistungen profitieren kann. Dies hängt in erster Linie davon ab, wie eng die Erbringung ökologischer Leistungen mit der Erzeugung anderer Produkte gekoppelt ist und somit in einer Region Verarbeitungskapazitäten aufgebaut bzw. erhalten werden können. Für die der Landwirtschaft vor- und nachgelagerten Bereiche kann sich durch die Honorierung ökologischer Leistungen u.U. sogar eine Verschlechterung der ökonomischen Situation ergeben, wenn damit eine extensivere Produktionsweise einhergeht und weniger Vorleistungsgüter eingesetzt bzw. Produkte zur Verarbeitung und Vermarktung erzeugt werden.

Für bestimmte Regionen können die Möglichkeiten von besonderer Bedeutung sein, die sich durch das positive Image einer weitgehend ressourcenschonenden Landbewirtschaftung ergeben. Hierbei ist die in Umweltfragen immer sensibler werdende Einstellung der Bevölkerung ein wesentlicher Aspekt. Umweltschonend erzeugte Nahrungsmittel erfreuen sich in weiten Kreisen der Bevölkerung wachsender Beliebtheit, so daß hier noch ein großes Potential, v.a. in Gebieten mit einer traditionell ressourcenschonend betriebenen Landbewirtschaftung, zu vermuten ist. Auch und besonders im Zusammenhang mit der Förderung des Fremdenverkehrs und von diesem ausgehenden wirtschaftlichen Impulsen (Multiplikatoreffekte) kann die umweltschonende Wirtschaftsweise als Marketinginstrument genutzt werden.

Im allgemeinen sind aber die erwähnten Wirkungen auf regionaler Ebene nicht als allzu bedeutend einzustufen. In zunehmendem Maße treten die Regionen auch untereinander in Wettbewerb, wenn es um die Vermarktung umweltschonend erzeugter Produkte geht. Nicht anzunehmen ist, daß durch staatliche Förderprogramme auf Dauer der Strukturwandel in der Landwirtschaft mit seinen Wirkungen auf den vor- und nachgelagerten Bereich aufgehalten werden kann. Im Endeffekt dürfte dies auch kein Ziel einer effektiven Agrarpolitik sein. Demgegenüber ist das Ziel des Erhalts einer nahezu flächendeckenden Landbewirtschaftung, wie auch immer diese aussehen mag, durch die Förderprogramme eher zu gewährleisten.

4.4 Gesamtgesellschaftliche und volkswirtschaftliche Wirkungen

Generell ist davon auszugehen, daß die erwähnten Förderprogramme bezüglich gesamtgesellschaftlicher Ziele eine untergeordnete Rolle spielen (abgesehen von den ökologischen Zielen, vgl. Kap. 4.5). Zu untersuchen wäre z.B. der mögliche Beitrag zur Aufrechterhaltung einer Mindestbesiedelungsdichte, der Infrastruktur, eventueller Ausgleichsfunktionen zu den Ballungsräumen und zur Offenhaltung von Erholungsräumen. Bei diesen Punkten handelt es sich um mögliche Nebenaspekte der Honorierungsansätze für ökologische Leistungen. Das Ausmaß des Einflusses hängt dabei wohl in erster Linie von der finanziellen Ausstattung, der räumlichen Verteilung der finanziellen Mittel und der Beteiligung der Bevölkerung ab.

Trotz der Mitnahmeeffekte und dem dadurch für Investitionen und Konsum verfügbaren Einkommen dürften die genannten Förderprogramme nur einen geringen Beitrag zur Aufrechterhaltung einer intakten Infrastruktur und zum Erhalt einer Mindestbesiedelungsdichte leisten. Diese Aussage kann durch zwei Argumente untermauert werden: Einerseits ist in den meisten Regionen der Anteil der Landwirte an der Gesamtzahl der Erwerbstätigen schon relativ gering (im Durchschnitt Bayerns zum Beispiel ca. 7 %) und ständig weiter abnehmend, so daß Maßnahmen, die als Nebeneffekt zur Stützung dieses Sektors beitragen, nur einen begrenzten Einfluß auf die Gesamtentwicklung haben dürften. Andererseits ist es z.B. fraglich, ob in nennenswertem Umfang die Entscheidung über die Wahl des Wohnsitzes von der Existenz von Programmen zur Honorierung ökologischer Leistungen abhängig gemacht wird. Dies wird nur bei einigen wenigen Betrieben der Fall sein, die einen Großteil ihres Einkommens aus einem Betriebszweig "Ökologische Leistungen" bzw. "Landschaftspflege" erwirtschaften. Diese können aufgrund der zusätzlichen Verdienstmöglichkeiten aus der Landschaftspflege "gehalten" werden und so einen kleinen Beitrag zum Erhalt einer Mindestbesiedelungsdichte in bestimmten Regionen leisten.

Zur Offenhaltung der Landschaft kann die Honorierung ökologischer Leistungen logischerweise nur beitragen, wenn die Weiterbewirtschaftung tatsächlich bedroht ist. Auf Einzelflächen ist dies zum gegenwärtigen Zeitpunkt sicherlich teilweise gegeben. Eine großflächige Aufgabe der Landbewirtschaftung droht bisher aber nur in wenigen Regionen. Solange ein durch-

schnittlicher Pachtpreis für Grünland in nennenswerter Höhe bezahlt wird, ist die Problemlage nicht als akut einzustufen, da man auf ein vorhandenes Interesse an der Nutzung der meisten Flächen schließen kann.
Eine weitere Frage, die man unter dem Aspekt der angespannten Situation im Staatshaushalt besonders betonen muß, ist die Konkurrenz verschiedener Ansprüche um die Haushaltsmittel. Gerade aus dieser Tatsache dürften erhebliche Widerstände erwachsen, wenn auf längere Sicht über eine Honorierung ökologischer Leistungen die Einkommensprobleme in der Landwirtschaft gelöst werden sollen. Insofern müßte gefordert werden, daß die Mitnahmeeffekte möglichst gering gehalten werden.
In der Diskussion um die Finanzierung von Umwelt- und Naturschutzprogrammen und die Probleme von Mitnahmeffekten müssen auch die Transaktionskosten (z.B. Kosten für das Schließen der Vereinbarungen, Kontrollkosten für deren weitgehende Vermeidung) mit in die Überlegungen einbezogen werden. Der Verwaltungsaufwand ist bei der gegenwärtigen Konzeption mit landesweit angebotenen Programmen tragbar und würde mit einer stärkeren Differenzierung aber schnell ansteigen. Wie in allen anderen Bereichen auch, in denen staatliche Mittel vergeben werden, so ist auch bei Programmen zur Honorierung ökologischer Leistungen zwischen einer möglichst "gerechten" Entlohnung und der Wahrung einer leichten Umsetzbarkeit abzuwägen. Wie die Erfahrungen der letzten Jahre gezeigt haben, sind die praktizierten Programme administrierbar, aber auch mit einem nicht zu vernachlässigenden verwaltungstechnischen Aufwand verbunden.
Die Gesamtkosten für die Förderprogramme werden neben dem Programmumfang und der Höhe der Kompensationszahlungen von der Kontrollhäufigkeit (damit auch der Wahrscheinlichkeit der Feststellung eines Vertragsbruches) sowie von eventuellen Strafen bei Nichteinhaltung der Bewirtschaftungsverträge bestimmt. Dabei steigert eine Erhöhung der Ausgleichszahlungen die Teilnahmequote sowie infolge einer größeren Programmteilnahme die Gesamtkosten. Eine vermehrte Kontrolltätigkeit wirkt in Richtung von erhöhten Gesamtkosten und einer geringeren Anzahl von Vertragsbrüchen. Eventuelle Strafen vermindern die Gesamtkosten durch Einnahmen bei Vertragsbruch, wobei die Kompensationszahlungen zur Erzielung eines hohen Zielerreichungsgrads (vertragskonformes Verhalten) geringer sein können. Gegebenenfalls vermindern sie bei entsprechend hohen Strafen den Programmumfang, wenn bei möglicher Unsicherheit der Kontrollen die Einhaltung der Vertragsrichtlinien als nicht-vertragskonformes

Verhalten festgestellt werden könnte (vgl. Kap. 5.1.1).
Bei den eben angesprochenen gesamtgesellschaftlichen Wirkungen muß immer bedacht werden, daß sie nur einen Nebenaspekt darstellen und die Frage zu stellen ist, ob damit Argumente für die Honorierung ökologischer Leistungen der Landwirtschaft vorliegen. Mit dem gleichen Recht könnten z.B. Handwerksbetriebe geltend machen, ebenfalls einen Beitrag zum Erhalt einer Mindestbesiedelungsdichte zu leisten, und dafür Einkommensübertragungen einfordern. Es muß deshalb darauf geachtet werden, die geäußerten Aspekte von den Maßnahmen zur Honorierung ökologischer Leistungen zu trennen.
Der Frage, ob auch in der nicht-landwirtschaftlichen Bevölkerung die Bereitschaft vorhanden ist, für ein höheres Naturschutzniveau einen eigenen finanziellen Beitrag zu leisten, wurde in mehreren Studien nachgegangen. Nach einer Umfrage von HAMPICKE (1991, S.133) gibt es in der Bevölkerung eine große Mehrheit mit geringer bis mäßiger Zahlungsbereitschaft und eine Minderheit mit hoher Bereitschaft, für Naturschutzzwecke entsprechende Beiträge zu leisten. Ein Fünftel der Bevölkerung ist nicht bereit, finanzielle Mittel für diesen Zweck auszugeben. Dabei zeigt sich auch, daß die Zahlungsbereitschaft von den vorgeschlagenen Empfängern und den beabsichtigten Maßnahmen abhängt und deren Höhe mit der Vermittlung von Informationen über die Kosten von Maßnahmen sowie mit dem Angebot anderer, nicht naturschutzspezifischer Umweltverbesserungen ansteigt.
Bei aller berechtigter Kritik an derartigen Zahlungsbereitschaftsanalysen kann aus den Ergebnissen abgeleitet werden, daß im Hinblick auf eine Honorierung ökologischer Leistungen der Landwirtschaft ein gesellschaftspolitischer Konsens besteht und der Bevölkerung auch gewisse finanzielle Opfer abverlangt werden können. Dabei sollte jedoch berücksichtigt werden, daß die Verknüpfung von Entgelten mit konkreten Maßnahmen und quantifizierbaren Leistungen den gesellschaftspolitischen Willensbildungsprozeß begünstigt.

4.5 Ökologische Wirkungen

Zur Beurteilung der ökologischen Wirkungen ist vor allem zu unterscheiden, ob es sich um Gunst- oder Ungunstlagen handelt und ob es um die Honorierung bereits bestehender Wirtschaftsweisen oder um die Induzierung be-

stimmter Veränderungen (Extensivierungsmaßnahmen) geht. Schließlich ist auch nach den spezifischen Wirkungen in den verschiedenen Bereichen des Ressourcenschutzes zu fragen.
Für den Schutz des Grundwassers vor Nitrateintrag ist davon auszugehen, daß durch die Rückführung des Stickstoffdüngereinsatzes um 10 bis 30 % bei gleichzeitiger Anwendung moderner Technik bzw. Anbauverfahren in den meisten Regionen - auch in den intensiv genutzten - die Problemlage deutlich entschärft werden könnte (SCHUMACHER 1992). Auch im Bereich Bodenerosion könnten durch eine ressourcenschonende Produktionstechnik die akuten Probleme weitgehend gelöst werden. Hier können z.B. durch Mulchsaat und weitere pflanzenbauliche Maßnahmen bedeutende ökologische Verbesserungen erreicht werden. Demgegenüber wäre für nennenswerte Erfolge im Bereich des biotischen Ressourcenschutzes eine viel stärkere Extensivierung nötig, bis hin zum vollständigen Verzicht auf ertragssteigernde bzw. ertragssichernde Betriebsmittel (vgl. HAMPICKE 1991, S.270). Dies ist darauf zurückzuführen, daß die meisten vom Aussterben bedrohten Tier- und Pflanzenarten auf nährstoffarme Standorte angewiesen sind. Aus dem gleichen Grund sind Extensivierungsmaßnahmen im Bereich des biotischen Ressourcenschutzes auf ertragsstarken Flächen in der Regel mit geringerem Nutzen verbunden. Das hohe Nährstoffpotential im Boden würde eine lange Aushagerungsphase verlangen, um überhaupt die entsprechenden Standortvoraussetzungen zu schaffen. Hinzu kommt, daß durch die intensive Wirtschaftsweise in der Vergangenheit die Bedingungen für eine Wiederbesiedelung mit bestimmten Arten ungünstig sind, weil das nötige Samenpotential kaum mehr vorhanden ist (vgl. SCHIEFER 1981, 1984; SCHUMACHER 1992). Somit treffen für den flächigen Schutz biotischer Ressourcen in ertragsstarken Regionen ein hoher Finanzbedarf und geringe Erfolgsaussichten zusammen, so daß bei diesen Bemühungen von einer geringen ökonomisch-ökologischen Effizienz auszugehen ist. Aus diesem Blickwinkel stellt es daher kein gravierendes Problem dar, daß sich bei freiwilligen Förderprogrammen die Teilnahme auf Regionen mit niedriger natürlicher Ertragsfähigkeit konzentriert. Im Gegenteil ist zu erwarten, daß die höchste ökologisch-ökonomische Effizienz dort erreicht werden kann, wo es um die Beibehaltung bereits bestehender, aber für die Zukunft gefährdeter Nutzungsweisen geht. Zu fordern wäre aber eine größere regionale Differenzierung, v.a. hinsichtlich der Höhe der Förderung, um mit den Maßnahmen eine bessere Effizienz zu erzielen.

Neben der extensiven Wirtschaftsweise auf den landwirtschaftlich genutzten Flächen kommt es v.a. für den Schutz bzw. die Förderung vieler Kleintierarten darauf an, daß die zur Überwinterung nötigen Zwischenstrukturen - Raine, Gebüsch, Hecken, Baumgruppen etc. - vorhanden sind. Solche Maßnahmen würden auch auf ertragreichen Standorten ihre Wirksamkeit zeigen können und den entsprechenden Mitteleinsatz rechtfertigen. Es müßte also verstärkt versucht werden, verschiedene Teile von Förderprogrammen bzw. verschiedene Förderprogramme (z.B. Kulturlandschaftsprogramm und Landschaftspflegeprogramm) sinnvoll zu kombinieren. Zur Anlage von Zwischenstrukturen wird aber in der Regel eine dauerhafte Stillegung oder eine Bodenneuordnung mit Flächenankauf durch den Staat unumgänglich sein.

5 Analyse verschiedener Konzepte zur Entlohnung externer Leistungen der Landwirtschaft

Nach Klärung der eher grundsätzlichen Fragen hinsichtlich der Honorierbarkeit ökologischer Leistungen der Landwirtschaft und der Beschreibung der allgemeinen Effekte ihrer Honorierung ist nach den Möglichkeiten der praktischen Umsetzung zu fragen. Dazu sollen vorhandene Programme und geplante Modelle auf ihre Wirkungen sowie spezifischen Vor- und Nachteile hin untersucht werden. Bevor die ausgewählten Programme und Modelle beschrieben und charakterisiert werden, sollen zunächst die Merkmale erläutert werden, die als bestimmend für die Wirkungen der einzelnen Programme und Modelle gelten können. Als grundsätzliche Unterscheidungsmerkmale dienen:

1. **Ansatzpunkt und Meßbarkeit**
   handlungsorientiert <--> ergebnisorientiert

2. **Bewertung**
   kostenorientiert <--> nachfrageorientiert

3. **Zielbildung**
   exogene Zielvorgabe <--> endogene Zielentwicklung.

Bei der Durchsicht vorhandener Literatur zum Thema "Honorierung externer Leistungen" wurde deutlich, daß dabei keine einheitliche Verwendung der relevanten Begriffe, z.B. "handlungsorientiert" und "ergebnisorientiert" bzw. "kostenorientiert" und "nachfrageorientiert", erfolgte. Vielmehr wurden, was aus dem Zusammenhang der Erläuterungen erkennbar war, die Begriffe "handlungsorientiert" und "kostenorientiert" miteinander vermischt bzw. gleichbedeutend verwandt. Es besteht auch die Tendenz, kostenorientierte Ansätze und Ansätze mit Festbetragslösungen zu verwechseln.
In den folgenden Kapiteln wird der Versuch unternommen, die entsprechenden Begriffe zu definieren, um damit in Zukunft zu einem einheitlichen und klaren Gebrauch beizutragen.

5.1 Ansatzpunkte und Meßbarkeit ökologischer Leistungen der Landwirtschaft

Bei der Erfassung externer Leistungen der Landwirtschaft ergibt sich das Problem, daß viele dieser Leistungen nicht offensichtlich und daher schwer in physischen Größen auszudrücken bzw. objektiv zu bewerten sind. Dies gilt insbesondere für die gesamtgesellschaftlichen Leistungen der Landwirtschaft in den Bereichen Wohnen, Erholung, Gemeinschaftsleben etc. (KROMKA 1988, S.607ff.). Untersuchungen zu diesem Sachverhalt sind bislang zu keinen für die Zukunft anwendbaren Handlungskonzepten gekommen (BERG et al. 1991). Wesentlich dafür verantwortlich ist die Tatsache, daß sich die Landwirtschaft nicht von dem mit ihr verbundenen ländlichen Raum trennen läßt. Der in o.g. Untersuchung beschriebene "Wert der Bäuerlichkeit" bezieht sich daher weniger auf die Landwirtschaft alleine, sondern vielmehr auf alle Bestandteile des ländlichen Raumes. Diese Zuordnungsproblematik erschwert eine verursacher- und leistungsgerechte Entlohnung.
Im Bereich ökologischer Leistungen können noch am ehesten Verfahren eingesetzt werden, um die betreffenden Leistungen der Nutzer bzw. Verursacher mehr oder weniger exakt zu messen (PFADENHAUER 1988, S.26). Doch auch hier ergeben sich Schwierigkeiten der Zuordnung und Bewertung. Die Lösung dieser Probleme ist jedoch eine Voraussetzung für eine objektive Honorierung.

Ökologische Leistungen im Bereich der abiotischen Ressourcen können durch physikalisch-technische Meßverfahren, z.B. über die Konzentration von Schadstoffen in der Ressource, ermittelt werden. Dabei ergeben sich aber durch die Vielzahl der Einflußfaktoren häufig Zurechnungsprobleme. Oft ist es aufgrund der sehr komplexen Zusammenhänge nicht zu beurteilen, ob eine Verbesserung oder Verschlechterung des Zustandes einer Ressource auf die Art der Bewirtschaftung durch die Landwirtschaft oder auf andere Faktoren (Klima, etc.) zurückzuführen ist.
Umweltleistungen im Bereich der biotischen Ressourcen können durch Aufnahme bzw. Kartierung der Flächen ermittelt werden (z.B. Populationszählung), wobei die Wahl des Feststellungszeitpunktes einen großen Einfluß auf das jeweilige Ergebnis hat (GIEßÜBEL-KREUSCH 1989, S.223).
Das Ermitteln von Leistungen im Bereich der ästhetischen Ressourcen kann über Umfragen (V. ALVENSLEBEN und KRETSCHMER 1992) oder indirekt über die Nachfrage nach diesen Leistungen, z.B. durch die Ausgaben von Erholungssuchenden in einer bestimmten Landschaft, erfolgen. Die Subjektivität dieser Methoden muß jedoch immer beachtet werden.

5.1.1 Honorierung ökologischer Leistungen - handlungsorientiert

Bezüglich der möglichen Vorgehensweise bei der Honorierung ökologischer Leistungen werden handlungsorientierte von ergebnisorientierten Ansätzen unterschieden.
Als *Ansatzpunkt* für eine handlungsorientierte Entlohnung ökologischer Leistungen dient die Maßnahme (oder der Weg), die zu einem bestimmten Ziel führen soll, und nicht das angestrebte Ergebnis der Handlung selbst. Dies kann den Vorteil haben, daß das Feststellen und die Kontrolle der erbrachten Leistung in Form der Handlung (z.B. Mähen zu einem bestimmten Zeitpunkt, Verzicht auf Düngemittel) relativ einfach durch die Beobachtung betreffender Flächen möglich ist. Dies hängt aber entscheidend davon ab, wie komplex die vorgesehenen Handlungen ausgestaltet sind. Die entstehenden Überwachungskosten sind auch abhängig vom Prozentsatz der überprüften Fälle.
Der Anreiz für die Landwirte zur Programmteilnahme ist größer, wenn sie überschaubar und relativ risikoarm sind und die Programmbedingungen relativ leicht zu erfüllen sind. Dies ist bei den Programmen mit handlungs-

orientierter Entlohnung in der Regel der Fall, so daß ein Betriebsleiter eventuelle Mindererträge bzw. Mehrkosten mit den zu erwartenden Prämien vergleichen und die möglichen Auswirkungen auf sein Einkommen beurteilen kann.

Zu den Nachteilen dieser Bemessungsgrundlage zählt, daß sie häufig zu wenig zielgerichtet ist. Negativ in diesem Zusammenhang ist vor allem die zumeist zu pauschale (z.B. landesweite) und zu wenig am Einzelfall orientierte Festlegung der förderfähigen Maßnahmen. Ein weiterer Grund liegt darin, daß in den ökonomischen Überlegungen der Landwirte der ökologische Effekt zu wenig Berücksichtigung finden muß. Die Prämie wird unabhängig davon ausgezahlt, ob das verfolgte Ziel erreicht wird. Verringert werden könnte dieses Problem, indem durch regelmäßige "Erfolgskontrollen" der ökologische Zustand im Zeitablauf immer wieder überprüft wird und die Gewährung der Zahlungen zumindest teilweise von dessen Entwicklung abhängig gemacht wird. Ein weiteres Problem des handlungsorientierten Ansatzes besteht darin, daß kein Anreiz existiert, Ideen und Initiativen zur Erreichung eines möglichst hohen Zielerfüllungsgrades einzusetzen. Vielmehr wird ein landwirtschaftlicher Betrieb bestrebt sein, die Kosten für die vereinbarte Maßnahme möglichst gering zu halten und so bei einem festen Betrag des Entgelts den Mitnahmeeffekt zu maximieren. Bei der handlungsorientierten Honorierung ist somit eine geringere ökologisch-ökonomische Effizienz im Vergleich zu ergebnisorientierten Ansätzen zu erwarten. Allerdings kann bei einem ergebnisorientierten Ansatz der Landwirt selbst entscheiden, inwieweit er auf bestimmte Produktionsmittel verzichten will (auch unter der Berücksichtigung der traditionellen Produktionsziele), während beim handlungsorientierten Ansatz oftmals ein vollständiger Verzicht gefordert ist. Somit kann es sogar sein, daß die ökologischen Ziele in bestimmten Fällen bei einem handlungsorientierten Ansatz besser erreicht werden.

Für die Honorierung einer ökologischen Leistung nach dem handlungsorientierten Ansatz müssen keine besonderen Indikatoren zu deren *Messung* gefunden werden. Es werden lediglich Handlungen in den Programminhalten definiert, die positive ökologische Wirkungen erwarten lassen bzw. zeigen. Die ökologische Leistung gilt als erbracht und wird honoriert, wenn die den Programminhalten entsprechenden Handlungen durchgeführt wurden.

Kommt es zu Zuwiderhandlungen (z.B. 1. Schnitt vor dem vereinbarten Schnittzeitpunkt), dann wurde die ökologische Leistung nicht erbracht und es

erfolgt keine Prämienzahlung. Bei unvollständiger Kontrolle (Stichproben) müssen in dem Programm zusätzlich Strafen bei Vertragsbruch vorgesehen werden, da es sonst für die Betriebe "ökonomisch sinnvoll" ist, entsprechende Vereinbarungen allein zum Zweck der Nichteinhaltung einzugehen, wie sich leicht zeigen läßt (vgl. HANF 1993):
Gehen wir davon aus, daß die Teilnahme an einem derartigen Programm im Einzelbetrieb Kosten bzw. einen Nutzenentgang infolge der Bewirtschaftungsauflagen in der Höhe K verursacht. Dafür werde eine Ausgleichszahlung der Höhe A gewährt. Sind die Kosten niedriger als die Kompensationszahlung, so entsteht bei Abschluß und Einhaltung des Vertrages ein zusätzlicher Gewinn (G_E) von

$$G_E = A - K.$$

Bei Nichteinhaltung muß der gewährte Ausgleichsbetrag A zurückgezahlt werden. Allerdings werden nur Stichprobenkontrollen durchgeführt, so daß es lediglich mit einer Wahrscheinlichkeit von $p < 1$ zu einer Aufdeckung des Vertragsbruches kommt. Dann beträgt der Erwartungswert des Gewinns (G_N) bei Abschluß und Nichteinhaltung des Vertrages (wodurch auch die Kosten K nicht anfallen)

$$G_N = A - p\,A = (1-p)\,A.$$

G_N ist positiv und größer als G_E, solange $p < 1$ und $pA < K$ ist. Diese Bedingung ist immer erfüllt, wenn die Ausgleichszahlung A die Kosten K übersteigt und die Kontrollintensität $p < A/K$ ist. Wenn somit der Abschluß des Vertrages ökonomisch sinnvoll ist, besteht bei unvollständiger Kontrolle (d.h. $p<1$) und fehlender Strafandrohung auch immer der wirtschaftliche Anreiz, den Vertrag zu brechen. Zwar werden viele Landwirte aus moralischen Erwägungen zunächst vertragstreu sein, im Laufe der Zeit müssen diese sich jedoch mehr und mehr als die Betrogenen vorkommen, da sich die Vertragsbrecher letztlich ökonomisch besser stehen. Dies untergräbt in zunehmendem Maße die Moral und führt im Zeitablauf zu einer wachsenden Zahl von Vertragsbrüchen und damit auch zu einem Rückgang der ökologischen Effizienz des Programms. Daß dieses Problem tatsächlich existiert, zeigt eine Studie für Schleswig-Holstein, in der ermittelt wurde, daß 30 % der Teilnehmer an bestehenden Umweltprogrammen gegen die Vertragsregeln verstoßen haben (HANF 1993, S. 139).

Lösen läßt sich dieses Problem nur, wenn entweder alle Vertragsnehmer regelmäßig kontrolliert werden - was aus Personal- und Kostengründen kaum möglich sein dürfte - oder aufgedeckte Vertragsverletzungen durch Konventionalstrafen geahndet werden. Bezeichnet S die Strafe, die bei Nichteinhaltung des Vertrages zusätzlich zur Rückzahlung des Ausgleichsbetrages fällig wird, so gilt in diesem Fall

$G_N = A - p(A+S)$.

Ein Vertragsbruch ist dann unwirtschaftlich, wenn $G_N < G_E$ ist, was gewährleistet ist, solange die Bedingung

$S > K/p - A$

gilt. Hieraus ist zu ersehen, daß die Wahrscheinlichkeit für die Einhaltung einmal abgeschlossener Verträge wächst, wenn das Strafmaß (S), die Kontrollintensität (p) und/oder die Ausgleichszahlung (A) zunehmen und die durch die Bewirtschaftungsauflage verursachten Kosten (K) abnehmen. Eine Strafe kann dabei auch in einem mehrjährigen Ausschluß von dem Programm bestehen.

5.1.2 Honorierung ökologischer Leistungen - ergebnisorientiert

Aufgrund der Tatsache, daß die Honorierung am tatsächlichen Ergebnis erfolgt, wäre bei einem ergebnisorientierten Ansatz eine bessere ökonomisch-ökologische Effizienz als bei einem handlungsorientierten Ansatz zu erwarten (vgl. volkswirtschaftliche Wirkungen). Die Auszahlung des Honorierungsbetrages als "erfolgsprämie" läßt eine hohe Effektivität bezüglich der ökologischen Einzelziele erwarten. Als wichtiger Aspekt ist dabei die Tatsache zu sehen, daß das Risiko für den Erfolg in diesem Falle beim Landwirt liegt und dieser damit ein gesteigertes Interesse an einem hohen Zielerfüllungsgrad haben müßte. Bedeutsam erscheint in diesem Zusammenhang auch, daß die Landwirte Kenntnisse bezüglich der Eigenschaften und der Besonderheiten ihrer Flächen (z.B. auch über das frühere Vorkommen seltener Arten) zielführend einbringen können (vgl. STREIT et al. 1989, S.65). Von seiten der Landwirte wären Innovationen und technische Neuerungen auch zur Verbesserung des Zielerreichungsgrades ("Ertragssteigerung") zu erwarten. Demgegenüber dürfte bei der handlungsorientierten

Honorierung ein technischer Fortschritt vor allem im Bereich der Kostensenkung festzustellen sein. Tendenziell dürfte die Koppelung der Erbringung ökologischer Leistungen mit der Erzeugung herkömmlicher landwirtschaftlicher Produkte beim ergebnisorientierten Ansatz geringer sein als bei handlungsorientierter Vorgehensweise. Der Grund zu dieser Annahme liegt darin, daß bei letzterer die Festlegung der durchzuführenden Handlungen meist nach dem Vorbild historischer Landnutzungsformen, bei denen die ökologische Leistung ein Koppelprodukt darstellt, erfolgt. Demgegenüber steht beim ergebnisorientierten Ansatz dem Landwirt der Weg zur Zielerreichung offen, und im Extremfall wäre es denkbar, daß die "Produktion ökologischer Leistungen" vollständig von der Erzeugung landwirtschaftlicher Produkte abgekoppelt wird.

Ein großes Problem ist darin zu sehen, daß für den tatsächlichen ökologischen Erfolg auch eine Vielzahl von Faktoren von Bedeutung sind, die vom Landwirt nicht oder nur begrenzt zu beeinflußen sind (z.B. Bodenart, Grundwasserstand, Kleinklima, Lärm, Störungen etc., vgl. STREIT et al. 1989, S.65). Dahinter verbirgt sich für den Landwirt ein je nach Einzelfall mehr oder weniger großes Risiko, das bei den Kalkulationen der Honorierungshöhe in einem Risikozuschlag Berücksichtigung finden müßte. Im allgemeinen werden die Landwirte eher als risikoavers eingeschätzt, so daß man unter den genannten Bedingungen von einer abwartenden Haltung der Landwirte gegenüber einem solchen Konzept ausgehen muß. Das ergebnisorientierte Konzept beinhaltet höhere Anforderungen an die Betriebsorganisation und erfordert z.T. auch eine gezielte Veränderung der Wirtschaftsweise. Zumindest in der Anfangsphase wäre eine Kombination mit dem handlungsorientierten Ansatz in Betracht zu ziehen, sofern dadurch ein gesteigertes Interesse bei den Landwirten erreicht werden kann.

Wie bereits erwähnt, ist sowohl bei den biotischen als auch bei den abiotischen Ressourcen die Tatsache problematisch, daß durch eine Vielzahl von Wechselwirkungen und äußere Einflüsse die direkte Beeinflußbarkeit eines Einzelzieles durch den Landwirt z.T. sehr gering sein kann. Somit ist, je nachdem, welcher Indikator als Grundlage zur Honorierung herangezogen wird, die Zielerreichung immer ein mehr oder weniger großes Zufallsprodukt, u.U. sogar ohne Gegenleistung des Landwirts. Um den Einfluß des Zufalls zu vermindern, gibt es zwei Möglichkeiten: Zum einen kann die Höhe des Entgeltes für eine einzelne Leistung von dem Gesamtumfang der erreichten Leistungen abhängig gemacht werden. Die andere Möglichkeit besteht darin, die Honorierungshöhe flexibel zu gestalten und anhand von Referenzflächen festzulegen. Dabei müßten z.B. Flächen, auf denen ökologische Maßnahmen durchgeführt werden, Flächen mit nahezu gleichen Standortvoraussetzungen, die herkömmlich (ohne besondere Maßnahmen) bewirtschaftet werden, zeitgleich gegenübergestellt werden. Der Vergleich darf also nicht die Zustände vor und nach den durchgeführten Maßnahmen beinhalten. Durch die beschriebenen Möglichkeiten wäre die Honorierung von Zufallsergebnissen und somit auch der Mitnahmeffekt zu verringern. Daß dies praktisch allerdings kaum lösbar ist, wird klar, wenn man bedenkt, daß dann zwei homogene Flächen mit gleicher Bewirtschaftung und gleichen ökologischen Voraussetzungen vorliegen müßten.

Problematisch ist auch die Behandlung von Fällen, bei denen sich aufgrund unvorhersehbarer Ereignisse (Witterung, Schädlinge, Räuber etc.) nicht die gewünschten Wirkungen einstellen, obwohl der Landwirt seine Bewirtschaftung auf das Erbringen einer bestimmten ökologischen Leistung ausgerichtet hat. Die Einführung einer "Mindest- oder Garantieprämie" könnte ein Lösungsvorschlag sein, würde aber weitere Schwierigkeiten (z.B. Nachweis der Verursachung) hervorrufen. Ebenso kann die Schwierigkeit auftreten, daß durch die vom Landwirt durchgeführte ressourcenschonende Wirtschaftsweise zwar ein aus ökologischer Sicht wünschenswertes Ergebnis erreicht wird, aufgrund der vorherigen Festlegung anderer Ziele bzw. Indikatoren aber eine Honorierung nicht erfolgen kann. Hier stellt sich die Frage nach der Flexibilität des Honorierungssystems.

Auch bei der Ergebnisorientierung sind unterschiedliche ökologische Auswirkungen in Gunst- und Ungunstlagen zu erwarten. Die Tatsache, daß in Gunstlagen geringe Erfolgsaussichten mit hohen Bereitstellungskosten einhergehen, läßt klar werden, daß ein Interesse bei Landwirten nur geweckt werden kann, wenn die in Aussicht gestellten Honorierungsbeträge sehr hoch sind. In Ungunstlagen dagegen sind die Landwirte zu weit geringeren Beträgen bereit, ökologische Leistungen zu erbringen. Von daher wäre eine Staffelung der Honorierungsbeträge nach der Knappheit (Seltenheit) des ökologischen Gutes einerseits und nach den Bereitstellungskosten andererseits in Betracht zu ziehen. Es muß allerdings beachtet werden, daß es von Landwirten als ungerecht empfunden werden kann, wenn gleiche Leistungen in verschiedenen Regionen mit unterschiedlichen Beträgen honoriert werden. Außerdem muß man zunächst grundsätzlich die Frage klären, ob es sinnvoller ist, in benachteiligten Gebieten viele ökologische Leistungen zu honorieren oder ob stattdessen auf ertragsstarken Standorten mit der gleichen Geldsumme weniger Leistungen bezahlt werden sollen. Diese Frage stellt sich ebenso beim handlungsorientierten Ansatz, soweit eine freiwillige Teilnahme vorausgesetzt wird.

Bezüglich der Akzeptanz in der nicht-landwirtschaftlichen Bevölkerung wäre davon auszugehen, daß der ergebnisorientierte Ansatz besser angenommen wird, weil sich hier die Honorierung näher am Zielerfüllungsgrad bemißt als beim handlungsorientierten Vorgehen. Dadurch ist es für die Bevölkerung bzw. den Steuerzahler exakt nachzuvollziehen, welche Gegenleistung für ihren Beitrag erbracht wurde.

Ein wesentliches Problem einer ergebnisorientierten Honorierung ökologischer Leistungen besteht darin, geeignete Indikatoren zur *Messung* des Zielerfüllungsgrades zu finden. Die Auswahl, Erfassung und Bewertung der Indikatoren kann je nach Ressource unterschiedlich problematisch sein. Grundsätzlich sollten Indikatoren folgende Anforderungen erfüllen (PFADENHAUER und GANZERT 1992):

"- *Der Indikator muß von Art und Intensität der Bewirtschaftung direkt beeinflußt sein. Nur dann läßt sich die Auswirkung einer Änderung im Betriebssystem auch direkt nachvollziehen und kontrollieren.*
- *Der Indikator muß für die Schutzwürdigkeit einer bestimmten Ressource repräsentativ sein. Er muß also beispielsweise eine wesentliche, für das Agrarökosystem bestimmende Bodenfunktion wiedergeben; diese muß anderseits durch die landwirtschaftliche Nutzung verändert werden können.*
- *Der Indikator muß aus pragmatischen Gründen leicht erhebbar oder (z.B. aus dem Betriebssytem) leicht ableitbar sein, und zwar für jede genutzte Parzelle. Nur dann kann die Ressourcenqualität auch regelmäßig kontrolliert werden.*
- *Der Indikator muß schwellenwertfähig sein, d.h., ein tolerierbarer Wert muß definiert und eingehalten werden können."*

Weitere Probleme bei der Durchführung eines solchen Ansatzes liegen u.a. in der Kontrolle der ökologischen Leistungen. Der Indikator für den Zustand einer Ressource kann auf verschiedenen Ebenen liegen. Je näher er an der Qualität der Ressource selbst ansetzt, umso spezifischer und gerechter

könnte die Honorierung erfolgen. Die direkte Messung des Zustandes der Ressource selbst ist aber nicht immer durchführbar oder oft mit einem erheblichen Aufwand verbunden.
Das Feststellen einer ökologischen Leistung anhand des Ergebnisses der Bewirtschaftung kann z.B. durch Populationszählungen bei Pflanzen recht einfach geschehen, obwohl dazu ökologische Fachkenntnisse vorausgesetzt werden müssen. Schwieriger und v.a. zeitaufwendiger und teurer ist dies bei seltenen Tier- und Pflanzenarten. Der Kontrollaufwand, der in Form einer Totalkontrolle oder zumindest in Form einer genügend repräsentativen Stichprobe (z.B. Teilfläche einer angegebenen Fläche) stattfinden muß, da ja das Resultat in Art und Menge zu erfassen ist, kann mit hohen Kosten verbunden sein.
Für den Bereich des Trinkwasserschutzes z.B. wäre es denkbar, daß die Honorierung für Flächen im Einzugsgebiet anhand der folgenden Indikatoren erfolgt, die nach abnehmendem Einfluß auf die Qualität der Ressource geordnet sind:

- N-Bilanz im Wassereinzugsgebiet;
- N-Bilanz im gesamten Schutzgebiet;
- Viehbesatz betriebsbezogen;
- N-Bilanz betriebsbezogen;
- N-Bilanz parzellenbezogen;
- N_{min}-Gehalt des Bodens einer Parzelle zu einem bestimmten Zeitpunkt (vgl. "Wasserpfennig" Baden-Württemberg);
- Nitratgehalt des Sickerwassers unter landwirtschaftlich genutzten Flächen;
- Nitratgehalt des geförderten Grundwassers.

Je weiter man sich mit dem Indikator für die Bemessung der Honorierung von der eigentlichen Ressource entfernt, desto gravierender wird das Problem der Mitnahmeeffekte, aber auch das des Trittbrettfahrerverhaltens, da der einzelne Landwirt durch sein Verhalten den Zustand der Ressource immer weniger beeinflussen kann. Auf jeder Ebene stellt sich aber auch die Frage, inwieweit der Wert des Indikators durch nicht beeinflußbare Zufälle beeinträchtigt wurde und ob überhaupt eine Aussage über den Zustand der Ressource selbst mit hinreichender Wahrscheinlichkeit getroffen werden kann. Dieses Problem stellt sich z.B. bei dem in Baden-Württemberg als

Maßstab für grundwasserschonendes Verhalten der Landwirte herangezogenen N_{min}-Wert im Herbst in besonderer Weise, da der N_{min}-Wert sehr stark von der jeweiligen Witterung abhängt.

5.2 Monetäre Bewertung ökologischer Leistungen der Landwirtschaft

Es wurde bereits angesprochen, daß eine objektive Bewertung von Umweltleistungen äußerst schwierig ist. Aufgrund des Kollektivgutcharakters bilden sich keine Knappheitspreise für die Erhaltung bestimmter seltener Umweltgüter. Um trotzdem einen Anhaltspunkt für den Wert von Umweltleistungen zu erhalten, werden Verfahren diskutiert, die eine Bewertung externer Leistungen indirekt ermöglichen. Sie können in kosten- und nachfrageorientierte Ansätze unterteilt werden. Der erstgenannte Ansatz orientiert sich bei der Honorierung externer Leistungen an den Kosten ihrer Bereitstellung. Damit läßt sich die Untergrenze für die Entlohnung ermitteln, weil darunter kein Landwirt bereit ist, eine Leistung zu erbringen (Freiwilligkeit der Teilnahme vorausgesetzt). Aus den nachfrageorientierten Ansätzen kann die Obergrenze für die Honorierung externer Leistungen der Landwirtschaft abgeleitet werden. Sie stellt den Betrag dar, den die Nachfrager maximal zu zahlen bereit sind, d.h. welchen Wert ein bestimmtes Umweltgut für sie hat.

5.2.1 Monetäre Bewertung ökologischer Leistungen - kostenorientiert

Wie der Begriff bereits aussagt, orientiert sich die Höhe der Honorierung an den Kosten der "Bereitstellung" von Umweltleistungen. Es stellt sich dabei aber die Frage, welche "Kosten" für die Bemessung der Ausgleichszahlung heranzuziehen sind. Der meist kurzfristig anzusetzende Wert ist die Differenz im Deckungsbeitrag eines Produktionsverfahrens ohne und mit Erbringung einer ökologischen Leistung. Es sind dabei aber eine Vielzahl weiterer Aspekte zu bedenken (HAMPICKE 1991, S.281ff.):

- Bei den Deckungsbeitragsdifferenzen müßten die Möglichkeiten zur Kostenminderung (z.B. Futterzukauf, Umstellung der Betriebsorganisation) mitberücksichtigt werden. Hierbei entsteht das Problem, daß diese

Möglichkeiten der Kostenminderung von Fall zu Fall sehr verschieden sind. Eine "gerechte" Lösung mit genauer Berechnung der entstehenden Deckungsbeitragsunterschiede ist dadurch praktisch unmöglich.

- Häufig ist mit einer Änderung der Wirtschaftsweise eine Veränderung des Arbeitszeitbedarfes verbunden. Auch hierbei ergibt sich die Schwierigkeit, daß der Wert dieser Arbeitsstunden je nach einzelbetrieblicher Situation stark differieren kann. Sofern freiwerdende Arbeitskapazität anderweitig profitabel verwertet werden kann, dürften im Prinzip die Ausgleichszahlungen nach unten korrigiert werden. Das gleiche Problem der Bewertung von Arbeitsstunden ergibt sich bei zusätzlichem Arbeitszeitbedarf.
- Neben der Ertragslage des Betriebes kann sich u.U. auch die Vermögenssituation verändern (geringere Ertragsfähigkeit - geringerer Bodenwert), was mit entsprechender Erhöhung der Ausgleichszahlung verbunden sein müßte.
- Aufgrund des Preisstützungssytems bei einigen landwirtschaftlichen Produkten ist der nötige Ausgleichsbetrag künstlich erhöht. Aus dem Etat der Programme zur "Honorierung ökologischer Leistungen" sind somit die in der Landwirtschaft vorzufindenden "Protektionsrenten" zu tragen (HAMPICKE 1991, S. 282). Durch die Umsetzung der EU-Agrarreform und den damit verbundenen Abbau der Preisstützung hat sich dieses Problem allerdings verringert.

Bei langfristiger Betrachtung wird die Frage der Höhe eventueller Zahlungen noch komplizierter, denn es müssen dann mögliche Einsparungen im Fixkostenbereich mit berücksichtigt werden. Gleiches trifft auf die Möglichkeit der Verwertung freiwerdender Arbeitsstunden in anderen Produktionsverfahren oder auch im außerlandwirtschaftlichen Bereich zu. Somit wäre es denkbar, im Zeitverlauf Ausgleichszahlungen degressiv zu gestalten, unabhängig von einer eventuellen Verschlechterung der ökonomischen Rahmenbedingungen für die bisher betriebenen Produktionsverfahren. Beachtet werden müßte auf längere Sicht aber die Tatsache, daß ein gewisser Mindestbetrag für die Förderhöhe eingehalten werden muß, um einen ausreichenden Anreiz zur Aufrechterhaltung der gewünschten Wirtschaftsweise zu geben. Die in dieser Hinsicht entscheidende ökonomische Größe ist die Verwertung der für die Flächenbewirtschaftung bzw. Flächenpflege eingesetzten Arbeitsstunden. Sie muß den Mindestanspruch des Landwirts erreichen, ansonsten wird die Bewirtschaftung eingestellt. Allerdings variiert auch dieser Mindestanspruch von Landwirt zu Landwirt sehr stark, je nach individueller Situation.

Ein weiteres Problem des kostenorientierten Ansatzes besteht darin, daß bei der praktischen Umsetzung in der Regel nicht für den Einzelfall die tatsächlichen Kosten ermittelt werden, sondern daß z.B. landesweit derselbe Förderbetrag pro Hektar zur Verfügung steht. Selbst wenn z.B. nach der Ertragsfähigkeit der Flächen eine Staffelung erfolgt, kommt es immer noch dazu, daß in Betrieben, in denen die individuellen Kosten für die Erbringung der entsprechenden Leistungen niedriger liegen, ein mehr oder weniger großer Mitnahmeeffekt entsteht. Demgegenüber ist in Betrieben, in denen die entstehenden Kosten die Höhe des Entgelts überschreiten, eine freiwillige Teilnahme nicht zu erwarten.

Aus ökologischer Sicht ist bei reinen Mitnahmeeffekten kein Zusatznutzen zu erwarten, sofern durch die finanziellen Mittel nicht eine "Verschlechterung" (z.B. durch Intensivierung oder Nutzungsaufgabe) verhindert wird. Trifft letzteres nicht zu, so ist davon auszugehen, daß die Fördergelder an anderer Stelle effektiver eingesetzt werden könnten. Dies bedeutet letztendlich einen Effizienzverlust hinsichtlich des zielgerichteten Einsatzes der finanziellen Mittel. Dem steht die relativ einfache administrative Umsetzbarkeit gegenüber, was andererseits natürlich auch mit einer Einsparung finanzieller Mittel verbunden ist.

Würden gleiche Leistungen unter dem Gesichtspunkt der unterschiedlichen Kosten für ihre Erbringung nach Regionen unterschiedlich honoriert, d.h. in Ungunstlagen mit geringeren Beträgen und in Gunstlagen entsprechend mit höheren, so würde der Einkommenseffekt für die Landwirtschaft insgesamt geringer ausfallen. In der Konsequenz wären auch die Einflüsse auf Bodenrente und strukturelle Entwicklungen geringer. Es könnte dadurch jedoch eine gleichmäßigere Verteilung der finanziellen Mittel für ökologische Zwecke über das gesamte Land gewährleistet werden. Somit dürfte auch eine relativ hohe ökologisch-ökonomische Effizienz zu erreichen sein, was nicht nur unter haushaltspolitischen Gesichtspunkten von äußerster Wichtigkeit ist.

Bei manchen Förderprogrammen (z.B. Teile des Bayerischen Kulturlandschaftsprogrammes, Landschaftspflegeprogramm des Bayerischen

Umweltministeriums u.a.) werden für bestimmte Maßnahmen gegen Nachweis die tatsächlich entstandenen Kosten erstattet. Hierbei liegt ein Problem im fehlenden Anreiz zur Kostenminderung.

5.2.2 Monetäre Bewertung ökologischer Leistungen - nachfrageorientiert

Die nachfrageorientierten Ansätze gliedern sich nach PEVETZ et al. (1990) in:

"- Aufwandsmethode
Abschätzung des Wertes einer Landschaft anhand der privaten Ausgaben für das Aufsuchen dieser Landschaft,
- Opportunitätskostenmethode
z.B. Abschätzung des Wertes einer Landschaft anhand der Bewertung der im Erholungsgebiet zugebrachten Zeit zu Durchschnittslohnsätzen,
- Marktpreismethode
z.B. Bewertung des Gutes "reine Luft" anhand der mit einer bevorzugten Wohnlage verbundenen höheren Aufwendungen,
- Schätzung individueller Wohlfahrtsfunktionen
z.B. Ermittlung des Einflusses des Einkommens auf die subjektiv empfundene Wohlfahrt aus öffentlichen und anderen Gütern,
- Verflechtungsbilanzierung
z.B. Quantifizierung der Regionalfunktion der Landwirtschaft mittels makroökonomischer Verfahren der Verflechtungsbilanzierung sowie einer sozialökonomischen Bewertung der demographischen und arbeitsmarktpolitischen Leistungen der Landwirtschaft."

Die Schwierigkeit bei dieser "marktkonformen" Bewertung von ökologischen Leistungen anhand der realen Nachfrage nach Umweltgütern ist, "*daß diese Methoden nur dort anwendbar sind, wo sich tatsächlich eine zuordenbare Nachfrage eruieren läßt. So sind die nachfrageorientierten Ansätze z.B. für nicht-touristische Aspekte der mit der Landbewirtschaftung verbundenen positiven externen Effekte (z.B. im Bereich des Artenschutzes) nur sehr eingeschränkt anwendbar* (HEISSENHUBER und HOFMANN 1992a, S.58)".

Aber auch im Bereich des abiotischen Ressourcenschutzes zeigen sich Probleme im Bewertungsprozeß. So ist es z.B. für die Nutzer des Umweltgutes "saubere Luft" in einer bestimmten Region außerordentlich schwierig, zunächst ihre Interessen in bezug auf die Luftqualität abzustimmen, darauf aufbauend ihre Zahlungsbereitschaft zu artikulieren, im nächsten Schritt alle aktuellen und potentiellen Schädiger zu identifizieren, mit diesen dann in Verhandlungen über eine Reduktion der Emissionen einzutreten und im weiteren Verlauf zu kontrollieren, ob die vertraglich festgelegten Verpflichtungen auch eingehalten werden. Die prohibitiv hohen Organisationskosten solch eines Vorgehens führen dazu, daß trotz eindeutig definierter Verfügungsrechte der gewünschte Umweltschutz unterbleibt. In solchen Fällen erscheint eine staatliche Regelung der Bewirtschaftung von Umweltressourcen als der kostengünstigste und effizienteste Weg zur Zielerreichung (ISERMEYER 1992, S.48).

5.2.3 Festbetragslösung und Ausschreibungsverfahren

Hohe Mitnahmeeffekte treten insbesondere dann auf, wenn mit Festbeträgen nach einer Art Gießkannenprinzip landesweit einheitlich Umweltleistungen der Landwirtschaft honoriert werden. Es wäre deshalb eine bessere Anpassung der Förderhöhe an die jeweilige Situation zu fordern. Bei der bisher überwiegend gewählten Art der Honorierung mit zentraler Festlegung der Förderhöhe könnte dies in erster Linie durch eine weitergehende Staffelung, z.B. nach Regionen oder nach Bodengüte, erfolgen. Konform mit dem marktwirtschaftlichen System wäre eine Vorgehensweise, bei der in einer abgegrenzten Region für eine definierte ökologische Leistung ein bestimmter Förderbetrag zur Verfügung gestellt würde und die Höhe der Honorierung über ein Ausschreibungsverfahren ermittelt würde. Hierbei würde neben der spezifischen Kostenstruktur der landwirtschaftlichen Betriebe in bestimmten Regionen auch der jeweiligen Wettbewerbssituation bezüglich der Erbringung ökologischer Leistungen Rechnung getragen. Ein insgesamt zu hohes oder zu niedriges Angebot in einer Region könnte durch Korrektur der Gesamtfördersumme den gesellschaftlichen bzw. ökologischen Erfordernissen angepaßt werden. Da auch bei dieser Vorgehensweise Mitnahmeeffekte (hier wäre besser von einer "Produzentenrente" zu sprechen) auftreten werden, wenn zum Beispiel das Ausschreibungsverfahren landes

weit durchgeführt wird, wäre auch hier die Bildung relativ kleiner und möglichst homogener Gruppen zu empfehlen. Als Konsequenz eines auf diese Weise durchgeführten Förderprogrammes wäre in der Regel mit einem geringerem Zusatzeinkommen für die Landwirtschaft zu rechnen. Die Höhe des Angebots würde sich zumindest mittel- bis langfristig (nachdem die Landwirte die "ökologische Leistung" als Teil eines Produktionsverfahrens akzeptiert haben) an den einzelbetrieblichen Gegebenheiten (Grenzkosten des Grenzanbieters) orientieren. Bedeutende Mitnahmeeffekte wären nur anfangs zu erwarten und quasi als Pioniergewinn der besonders aufgeschlossenen Betriebsleiter zu werten. Mit zunehmender Akzeptanz würden andere Landwirte nachziehen, so daß eine verstärkte Konkurrenzsituation entstünde.
Aus betrieblicher Sicht würde die Umweltleistung dadurch ein "normales" Produktionsverfahren, das wie alle anderen landwirtschaftlichen Produktionsverfahren (z.B. Weizenanbau) um die knappen Faktoren eines landwirtschaftlichen Betriebes konkurriert und je nach Knappheitssituation, relativer Wettbewerbskraft und Beitrag zur Verwertung der Faktoren in die Betriebsorganisation aufgenommen wird. So wäre es, in Umkehrung der gegenwärtigen Situation, unter Umständen sogar möglich, daß die ökologische Leistung auf bestimmten Flächen zum "Hauptprodukt" der wirtschaftlichen Betätigung avanciert und die Nahrungsproduktion nur noch ein Koppelprodukt darstellt. Ferner würde sich die gesellschaftliche Nachfrage durch den bereitgestellten regionalen Förderbetrag in einer Zahlungsbereitschaft ausdrücken. Somit kann eine optimale Allokation erreicht werden, ein effizienter Mitteleinsatz wäre gewährleistet und den Präferenzen der meisten Betroffenen (unter Einbeziehung der möglichen materiellen Verzichte) wäre entsprochen (HAMPICKE 1991, S.61).

5.3 Zielbildung bei der Honorierung ökologischer Leistungen der Landwirtschaft

Der Prozeß der Zielbildung ist ein weiteres Unterscheidungsmerkmal zur Beurteilung verschiedener Konzepte zur Honorierung von Umweltleistungen. Prinzipiell können Ansätze mit exogener Zielvorgabe von solchen mit endogener Zielbildung unterschieden werden.

5.3.1 Exogene Zielvorgabe

Bei einer exogenen Zielvorgabe wird der angestrebte Umweltzustand bzw. die zu honorierende Handlung von der zuständigen Planungsbehörde (meist auf Landesebene) zentral für eine Gebietskulisse (meist Bundesland) festgelegt. Die Betroffenen (Landwirte, Landbevölkerung) haben kaum eine Möglichkeit, ihre Vorstellungen zur Ausgestaltung einzubringen. Dies kann dazu führen, daß das Interesse und die Verantwortung für das Erreichen der Programmziele und einer effizienten Verwendung der öffentlichen Mittel, wie bei den derzeitigen Umwelt- und Naturschutzprogrammen, relativ gering ist. Es ist auch damit zu rechnen, daß aufgrund mangelnder Identifikation mit den Zielen die Tendenz zur Nichteinhaltung abgeschlossener Verträge stärker ist als wenn die Gruppen vor Ort schon bei der Zielentwicklung beteiligt sind. Dies bringt u.a. die Erfordernis umfangreicher Kontrollen mit sich. Andererseits hält sich der Verwaltungsaufwand bei der Umsetzung (Vertragsabschlüsse) in Grenzen, weil es nur eine relativ geringe Anzahl unterschiedlicher Vertragsvarianten gibt.

5.3.2 Endogene Zielentwicklung

In diesem Zusammenhang versteht man unter einer endogenen Zielentwicklung die Erarbeitung eigener Entwicklungsziele unter Einsatz des Potentials an Ideen, Kreativität und Initiativen, das sich innerhalb einer Einheit (Region, Bevölkerungsgruppe) befindet. Man kann davon ausgehen, daß die direkte Beteiligung der Bürger vor Ort deren Interesse und deren Verantwortung für die Gestaltung ihrer Umwelt fördert. Dies kann einerseits zur Erarbeitung konsensfähiger Entwicklungsziele führen, andererseits kann jedoch auch das Problem von Zielkonflikten vor Ort eine Hemmung einzelner Initiativen bedingen. Schwierigkeiten dürfte auch das mangelnde fachliche Wissen der Personen vor Ort bereiten. Auch die Frage nach dem Engagement stellt sich z.B. insbesondere im Bereich des Artenschutzes. Viele Personen engagieren sich nur für Fragen, die sie akut in ihrem persönlichen Bereich treffen. Für den einzelnen kaum sichtbare Probleme, wie der Artenschwund, prägen sich so wenig ins Bewußtsein ein, daß kaum umfangreiche Aktivitäten vor Ort zu erwarten sind.

Unter günstigen Bedingungen, z.B. falls die Bevölkerung den Umweltproblemen aufgeschlossen gegenübersteht und motiviert ist, wird bei endogener Zielentwicklung ein effizienterer Einsatz finanzieller Mittel möglich sein als bei exogener Zielvorgabe. Unterstützt wird dies durch den unmittelbaren Kontakt der in unterschiedlicher Weise Betroffenen untereinander, so daß aufgrund der bestehenden "Sozialkontrolle" der Überwachungs- und Kontrollaufwand wesentlich geringer sein dürfte als bei zentral geplanten Konzepten.
Die Bedingungen für das Erreichen eines gesellschaftspolitischen Konsenses dürften unter diesen Umständen als gut erachtet werden. Die Programme bauen von vorneherein auf eine Beteiligung der Bevölkerung vor Ort auf. Weiterhin bieten sie für alle Interessengruppen und Bevölkerungsteile Möglichkeiten, eigene Ideen und Ziele in die Gesamtvorhaben einzubringen bzw. eigene Projekte zu verwirklichen. Eine ablehnende Haltung aufgrund einer "anonymen" Planung und Durchführung wird weniger zu befürchten sein. Ferner müßte es möglich sein, den gesamtwirtschaftlichen Nutzen der Maßnahmen, die aus den privaten Nutzengewinnen entstehen, der Gesamtbevölkerung plausibel zu machen.

6 Beschreibung und Analyse bestehender Programme oder geplanter Modelle zur Honorierung externer Leistungen der Landwirtschaft

Im folgenden werden bestehende Programme und geplante Modelle zur Honorierung externer Leistungen der Landwirtschaft vorgestellt und hinsichtlich der vorher beschriebenen Merkmale eingeordnet sowie auf ihre spezifischen Vor- und Nachteile hin untersucht.

6.1 Bayerisches Kulturlandschaftsprogramm

Das Bayerische Kulturlandschaftsprogramm (KULAP) wird seit März 1988 auf Grundlage des Art.19 der Effizienzverordnung in ganz Bayern, bis 1992 jedoch auf eine bestimmte Gebietskulisse (40% der LF Bayerns) beschränkt, angeboten. Es hat die "Sanierung, Erhaltung, Pflege und Gestaltung der

Kulturlandschaft durch die Tätigkeit landwirtschaftlicher Betriebe" zum Ziel. Da die meisten Umwelt- und Naturschutzprogramme der Länder in ähnlicher Weise angelegt sind, kann das bayerische KULAP stellvertretend für deren Beurteilung herangezogen werden. In diese Kategorie einzuordnen ist auch das "Marktentlastungs- und Kulturlandschaftsausgleichsprogramm" ("MEKA"), das seit 1992 in Baden-Württemberg angeboten wird. Obwohl beim "MEKA" die Honorierung nach Punkten erfolgt, wobei sich die Punktesumme aus der Bewertung der Wirtschaftsweise nach ökologischen Kriterien ergibt, handelt es sich hier nicht um ein Ökopunktesystem im eigentlichen Sinne. Als Beispiel für ein Ökopunktesystem wird unten das Modell nach Knauer noch detaillierter abgehandelt (vgl. Kap. 6.2)

Mit der durchgeführten Änderung des Bayerischen Kulturlandschaftsprogramms zum Wirtschaftsjahr 1992/93 erfolgte die Umsetzung der "Flankierenden Maßnahmen" im Rahmen der EU-Agrarreform. Dabei wurden Teile des vorhergehenden KULAP, des EU-Extensivierungsprogrammes und zusätzliche Programmteile, die in bis dahin existierenden Programmen noch nicht enthalten waren, die aber im Rahmen der "Flankierenden Maßnahmen" förderfähig sind, zusammengeführt (vgl. Übersicht 1). Die vorher bestehende Gebietskulisse wurde aufgehoben, eine Teilnahme ist also nun flächendeckend möglich. Im wesentlichen sind die Bewirtschaftungsvereinbarungen bzw. die Programminhalte und die Förderhöhen gleichgeblieben. Jedoch wurde die Ausschlußgrenze von 1,5 Großvieheinheiten pro Hektar in einigen Programmteilen gelockert, so daß mehr Betriebe teilnehmen können.

Das KULAP ist in zwei Teile gegliedert. Teil I sieht die "Honorierung umweltschonender Landbewirtschaftungsmethoden und landespflegerischer Leistungen bäuerlicher Familienbetriebe" mit einer Prämie pro Betrieb, gestaffelt nach der Flächenausstattung, vor. Voraussetzungen dafür sind ein maximaler Viehbesatz von 2,5 GV/ha, Verzicht auf Grünlandumbruch, der Prämienempfänger muß GAL-Landwirt[1)] sein und die Empfehlungen zum "Umweltgerechten Pflanzenbau in Bayern" beachten. Die in Teil I gezahlten Prämien werden somit relativ unspezifisch gewährt. Hier kann man wohl zumindest in Ansätzen den Einstieg in das vom Bauernverband geforderte und in den "Jahrhundertvertrag" aufgenommene "Allgemeine Bewirtschaftungsentgelt" sehen.

1) Pflichtversichert nach dem GAL = Gesetz über die Altershilfe für Landwirte.

Übersicht 1: Teilnahmebedingungen und Förderhöhen ausgewählter Programmteile des Bayerischen Kulturlandschaftsprogrammes, Stand Juli 1993

I. Honorierung umweltschonender Landbewirtschaftungsmethoden und landespflegerischer Leistungen bäuerlicher Familienbetriebe	
Voraussetzungen	*Prämienhöhe*
-Verbot von Grünlandumbruch	je ha 40 DM
-max. 2,5 GV/ha	Mindestbetrag 400 DM/Betrieb
-Verwertung der Empfehlungen des Programmes "Umweltgerechter Pflanzenbau in Bayern"	Höchstbetrag 1400 DM/Betrieb
-GAL-Landwirte bzw. Betriebe über 3 ha LF	
II. Honorierung zusätzlicher Bewirtschaftungsauflagen	
Extensivierungsauflage	*Prämienhöhe*
1. Umstellung der Betriebsorganisation auf extensive Bewirtschaftungsformen bzw. deren Beibehaltung	
a) Bewirtschaftung des Gesamtbetriebes nach den Kriterien des ökologischen Landbaues	
	unter 1,5 GV/ha — 1,5-2,0 GV/ha
Acker	400 DM/ha — 300 DM/ha
Grünland	300 DM/ha — 250 DM/ha
	(Die ersten 10 ha werden bei Nachweis der EU-Kontrolle zusätzlich mit 80 DM/ha honoriert)
c) Verzicht auf Mineraldünger und flächendeckenden chemischen Pflanzenschutz auf allen Flächen des Betriebes	250 DM/ha

Fortsetzung der Tabelle nächste Seite

Fortsetzung Übersicht 1: Teilnahmebedingungen und Förderhöhen ausgewählter Programmteile des Bayerischen Kulturlandschaftsprogrammes, Stand Juli 1993

2. Extensive Ackernutzung (einzelflächenbezogen)	
2.1 Einhaltung einer mindestens 4-gliedrigen Fruchtfolge mit einem Feldfutterglied oder einer Winterzwischenfrucht	250 DM/ha
2.2 Verzicht auf ertragssteigernde Produktionsmittel auf festgelegten Einzelflächen	
a) Verzicht auf chemische Pflanzenschutzmittel einschließlich Wachstumsregulatoren	200 DM/ha
b) Verzicht auf Mineraldünger	200 DM/ha
c) Verzicht auf Mineraldünger und chemische Pflanzenschutzmittel	350 DM/ha
d) Verzicht auf jegliche Düngung und jegliche Pflanzenschutzmittel entlang von Gewässern und sonstigen sensiblen Bereichen	500 DM/ha
3. Extensive Grünlandnutzung (einzelflächenbezogen)	
c) Verzicht auf mineralische und organische Düngung sowie flächendeckenden chemischen Pflanzenschutz	300 DM/ha
d) Extensivierung von Wiesen mit Schnittzeitauflagen und Düngungsbeschränkungen	400 bis 650 DM/ha
4. Besondere Bewirtschaftungsformen zum gezielten Schutz der natürlichen Lebensgrundlagen und zum Erhalt der Kulturlandschaft	
5. Langfristige Bereitstellung von Flächen für agrarökologische Zwecke (Festlegung auf mindestens 20 Jahre)	Abhängig von der Ertragsmeßzahl bis EMZ 30
Grünland	400 DM/ha
Ackerland	500 DM/ha
darüber je Bodenpunkt zusätzlich 10 DM/ha	
6. Bildungsmaßnahmen zur Anwendung umweltverträglicher land- und forstwirtschaftlicher Produktionsmethoden	

Quelle: N.N., 1993d

Teil II beinhaltet die "Honorierung zusätzlicher Bewirtschaftungsauflagen". Mehrere Programmteile (2., 3. und 4.) tragen die Züge des vorausgehenden KULAP, in Punkt 1. spiegelt sich der wichtigste Programmteil des bisherigen EU-Extensivierungsprogrammes wieder, und in den Punkten 4., 5. und 6. ist eine Umsetzung zusätzlicher Fördermöglichkeiten aus den "Flankierenden Maßnahmen" erkennbar.
Als Bemessungsgrundlage für die Förderung in Teil II dienen die einzelnen Maßnahmen bzw. Bewirtschaftungsweisen, wie sie in den Programminhalten vorgegeben sind. Für die Förderhöhe wurden landesweit die gleichen Beträge festgelegt, sie richten sich nach den im Durchschnitt zu erwartenden Einkommenseinbußen, die durch die Bewirtschaftungsauflagen entstehen, oder nach den Kosten bestimmter Einzelmaßnahmen.
Auch das "neue" KULAP kann in eine Kategorie überwiegend handlungsorientierter Honorierungskonzepte mit exogener Zielvorgabe eingeordnet werden. Bezüglich der Honorierung kann es als kostenorientiert bezeichnet werden. Die Förderung bereits vorher durchgeführter Wirtschaftsweisen ist möglich, so daß je nach Einzelfall Veränderungen in die Richtung (noch) umweltschonenderer Verhaltensweisen nicht immer notwendig sind. Insofern ist zu erwarten, daß beim "neuen" KULAP in relativ starkem Umfang Mitnahmeeffekte auftreten. Dies wird in erster Linie durch die Gewährung von landesweit gleichen Festbeträgen für bestimmte Auflagen verursacht, da keine Staffelung nach Ertragsfähigkeit, Betriebstyp etc. erfolgt. Insbesondere im Bereich der nach den Vorschriften des ökologischen Landbaues erzeugten Produkte verursachen Förderprogramme nach Art des Kulturlandschaftsprogrammes eine Ausweitung der Produktion und erzeugen somit unter sonst gleichen Bedingungen einen Preisdruck. Unter diesem Gesichtspunkt verringern sich bei der Förderung die Mitnahmeeffekte, die Fördersumme wird zumindest teilweise zum Ausgleich der Einbußen benötigt. Insgesamt gesehen ist hinsichtlich der ökonomisch-ökologischen Effizienz des Mitteleinsatzes aber auch das neue Kulturlandschaftsprogramm aufgrund der gewählten Vorgehensweise mit Schwächen behaftet.
Ein positiver Einfluß auf die ökologische Situation ist in Teilräumen zu erwarten. Insbesondere in stark von der Nutzungsaufgabe "bedrohten" Regionen wird (neben anderen Förderungen, wie z.B. der Ausgleichszulage) mit dem KULAP ein weiteres Anreizinstrument geschaffen, zumindest eine extensive Flächennutzung durchzuführen. Teilweise dürfte durch das KULAP eine relativ monotone Bewirtschaftung der landwirtschaftlichen Nutzflächen

eingeschränkt werden und wieder eine etwas vielfältigere Nutzung stattfinden. Als Beispiel sei hier genannt ein späterer Schnittzeitpunkt mit Heubereitung auf bestimmten Grünlandflächen, die ohne die Möglichkeit der Programmteilnahme gleichzeitig mit den restlichen Grünlandflächen zur Silagegewinnung genutzt würden. Auch auf dem Acker kann in bestimmten Regionen wieder eine größere Nutzungsvielfalt erwartet werden. Durch diese Veränderungen wäre eine Verbesserung vor allem des Angebotes bestimmter Nischen für seltene Arten der Flora und Fauna zu erwarten. Der Schwerpunkt der Programmteilnahme dürfte aber nach wie vor bei Betrieben liegen, die die geforderten Wirtschaftsweisen schon vorher durchgeführt haben und keine besonderen Veränderungen vornehmen müssen.
Die Zielvorgabe erfolgt auch im neuen KULAP größtenteils exogen, d.h. zentral durch das Bayerische Landwirtschaftsministerium. Lediglich im Programmpunkt 4. ist die Möglichkeit der Förderung besonderer regionaler Maßnahmen vorgesehen. Voraussetzung dafür ist die Vorlage einer Maßnahmenbeschreibung. Bei Punkt 5. (langfristige Bereitstellung von Flächen für agrarökologische Zwecke) wird ein fachliches Konzept verlangt, wobei sich die Frage stellt, inwieweit die Landwirte bei der Entwicklung des Konzeptes eingebunden werden bzw. wer dieses erstellt. In der Tendenz könnte aber in diesem Programmpunkt das "endogene Potential", vor allem die Kenntnisse der Landwirte bezüglich der Eigenschaften ihrer Flächen, genützt werden.
Es ist zu vermuten, daß bei der Etablierung des Programmes neben ökologischen Zielen auch das Ziel der Mengenbegrenzung bei landwirtschaftlichen Produkten sowie eine Verbesserung der Einkommen für landwirtschaftliche Betriebe von Bedeutung gewesen sind. Es wäre hier aufgrund möglicher Streuverluste die Frage zu stellen, ob die ökologischen Zielsetzungen nicht mit anderen Maßnahmen besser erreicht werden könnten. In diesem Zusammenhang sind sicherlich auch die aus der Ausgestaltung der Agrarpolitik während der letzten Jahrzehnte von seiten der landwirtschaftlichen Berufsvertretung abgeleiteten Forderungen (größtenteils begründet mit dem Vertrauensschutz) als Hemmschuh zu sehen, wenn es darum geht, die Honorierung ökologischer Leistungen strikt von der Einkommenspolitik zu trennen.
Ein weiterer Problempunkt bei der Ausgestaltung des Kulturlandschaftsprogrammes besteht in der relativ moderaten Androhung von Sanktionen im Falle des Nichteinhaltens des Vertrages. Die vorgesehenen Strafen richten sich nach dem Ausmaß der bei Stichproben festgestellten Unregelmäßigkei-

ten, sie sind aber insgesamt gesehen relativ gering. Sehr problematisch gestaltet sich auch die Durchführung der Kontrollen von seiten der Landwirtschaftsverwaltung. Hier ist ein wesentliches Problem darin zu sehen, daß für die Bediensteten der Landwirtschaftsämter aufgrund der in einer Person vereinten Funktionen der Beratung einerseits und der Kontrolle andererseits ein Interessenkonflikt besteht. Weil sich Landwirte, die sich aus moralischen Gründen zunächst an die abgeschlossenen Verträge halten, im Vergleich zu den weniger verantwortungsbewußten Landwirten benachteiligt vorkommen, könnten die moderaten Kontrollen und Sanktionen nach und nach zu einer immer geringeren Quote bei der Einhaltung der Verträge führen. Dadurch würde die Effizienz des Programmes weiter beeinträchtigt. Hinzu kommt, daß bei Aufdeckung einer geringen Moral bezüglich der Vertragseinhaltung die nichtlandwirtschaftliche Bevölkerung kritisch reagiert und dadurch das Image der Landwirtschaft Schaden nimmt.
Zusammenfassend ist bei der Beurteilung des Kulturlandschaftsprogrammes davon auszugehen, daß die bereits oben ausführlich dargelegten Vor- und Nachteile des handlungsorientierten Ansatzes, der landesweiten Festbetragslösung und der exogenen Zielentwicklung größtenteils zutreffen.

6.2 Ökopunktemodell nach Knauer

Im KNAUERschen Ökopunktemodell ist für die Honorierung ökologischer Leistungen eine andere Vorgehensweise vorgesehen als bei den bisher größtenteils praktizierten Bewirtschaftungsvereinbarungen. Dem Ziel, möglichst gute ökologische Resultate bei umweltpolitischen Maßnahmen zu erreichen, soll dadurch Rechnung getragen werden, daß die Anbieter ökologischer Leistungen in einem ergebnisorientierten Ansatz mehr Eigeninitiative für "technische Fortschritte" entwickeln können als bei einem handlungsorientierten Ansatz (STREIT et al. 1989, S.65f.).
Das Ökopunktemodell nach KNAUER ist in besonderer Weise auf den Artenund Biotopschutz ausgerichtet. Da aber im Bereich des biotischen Ressourcenschutzes positive ökologische Veränderungen in der Regel nur zu erwarten sind, wenn eine Wirtschaftsweise mit sehr geringem Einsatz ertragssteigernder Produktionsmittel durchgeführt wird, sind daneben auch günstige Auswirkungen auf die Ressourcen Boden, Wasser und Luft zu erwarten.

KNAUER unterscheidet bei den möglichen ökologischen Leistungen der Landwirtschaft vier Kategorien:

1. Leistungen auf den Nutzflächen des eigenen Betriebes (z.B. Schaffung einer artenreichen Ackerbegleitflora, Entwicklung und Erhalt von Feuchtwiesen etc.),
2. Leistungen an bzw. mit Strukturelementen im eigenen Betrieb (z.B. Schaffung von Kompensationszonen an Hecken, Gewässern; Neuanpflanzung von Hecken etc.),
3. Leistungen auf größeren Flächen außerhalb des eigenen Betriebes (z.B. Pflege von Feuchtwiesen, Pflege von Magerrasen etc.),
4. Leistungen an Strukturelementen außerhalb des eigenen Betriebes (z.B. Pflege von Hecken, Pflege von Kompensationszonen etc.).

Für die ersten beiden Kategorien, bei denen es sich um ökologische Leistungen auf den Nutzflächen des eigenen Betriebes handelt, sieht KNAUER eine ergebnisorientierte Honorierung vor. Der Zielerfüllungsgrad soll z.B. gemessen werden durch Vegetationsanalysen (Vorkommen von Rote-Liste-Arten, typische Pflanzengesellschaften etc.). Bei der dritten und vierten Kategorie handelt es sich im Prinzip um Dienstleistungen, bei deren Erbringung Landwirte mit (anderen) gewerblichen Unternehmen in Konkurrenz treten. Hier könnte die Honorierung nach KNAUER handlungsorientiert erfolgen, die Sicherstellung des Erfolges läge in der Verantwortung des Auftraggebers, der die durchzuführenden Maßnahmen möglichst zielführend formulieren müßte.

Dem Grundgedanken, die ökologisch-ökonomische Effizienz umweltbezogener Maßnahmen zu erhöhen, wird im Ökopunktemodell dadurch Rechnung getragen, daß die erbringbaren ökologischen Leistungen auf einem "Ökomarkt" zueinander in Konkurrenz treten. Die ökologische Wertigkeit verschiedener Leistungen wird durch Ökopunkte ermittelt, in die Merkmale wie ökologische Standortqualität, Vegetation, Fauna, Dimension, Seltenheit etc. Eingang finden. Für die meisten ökologischen Zielzustände sind nach KNAUER die Methoden zur Zielerreichung aus Extensivierungsversuchen oder durch Umkehrung der abgelaufenen Intensivierung bekannt.

Der vorgestellte Punktekatalog soll von Region zu Region andere Schwerpunkte haben, da regional differenzierte ökologische Anforderungen bestehen. Er dient als Informationsgrundlage für die Landwirte, die anhand des

Punkteschemas ihr Angebot an ökologischen Leistungen überschlagsmäßig kalkulieren können. Das Gesamtfördervolumen richtet sich nach den dafür bereitgestellten Finanzmitteln. Das Fördervolumen soll nicht mit einer wachsenden Anzahl von Ökopunkten ausgedehnt werden können, eine regionale Gewichtung unter Berücksichtigung der Entwicklungsziele in bestimmten Landschaften soll aber möglich sein.
Das Konzept beinhaltet durch die Punktebewertung und die zur Honorierung der Leistungen von der Gesellschaft bereitgestellten finanziellen Mittel, die als Äquivalent für die gesellschaftliche Nachfrage interpretiert werden können, marktwirtschaftliche Komponenten. Knappe Umweltgüter werden über die vergebenen Punkte höher bewertet als weniger knappe. Bei der Erstellung ökologischer Leistungen entsteht ein Wettbewerb um den bereitgestellten Finanzbetrag, so daß die Vermehrung der Umweltgüter zu geringeren Prämien führt, wodurch die Anbieter, die mit zu hohen Kosten produzieren, nicht mehr konkurrenzfähig sind. Der Anreiz zur Produktion reichhaltig vorhandener ökologischer Leistungen vermindert sich, da diese im Preis sinken. Somit werden Güter, die schwierig zu produzieren (daher seltener) sind, relativ begünstigt und die Bereitstellung von Umweltgütern, die relativ leicht zu produzieren sind, nicht weiter angereizt.
Nach den in Kap. 5 vorgestellten Charakteristika zählt das Ökopunktemodell bezüglich des Ansatzpunktes zu den ergebnisorientierten Konzepten, sofern es sich um die Leistungen auf den Nutzflächen des eigenen Betriebes handelt. In der Anfangsphase wäre nach STREIT et al. (1989, S.69) auch eine an der Bewirtschaftung orientierte Entlohnung akzeptabel, da die gewünschten Umweltzustände durch finanziell unterstützte Handlungsweisen erst herbeigeführt werden müssen.
Hinsichtlich der Höhe der Honorierung läßt sich das KNAUERsche Ökopunktemodell sowohl als kostenorientiert als auch als nachfrageorientiert einordnen, da das Honorar sich ja aus dem Angebot (von seiten der Landwirte) und der Nachfrage (manifestiert in der vom Staat bereitgestellten Geldmenge) ergibt. Der Anreiz, die Kosten für die Erzeugung einer definierten ökologischen Leistung zu reduzieren, ist für den einzelnen Landwirt durchaus gegeben, weil sich dadurch die Gewinnmarge erhöht. Genauso ist eine Motivierung der Landwirte dahingehend zu erwarten, das ökologische Ergebnis im Verhältnis zum dafür nötigen Aufwand zu optimieren. Der Landwirt muß, wie bei den herkömmlichen landwirtschaftlichen Produktionsverfahren, nach der "optimalen speziellen Intensität" suchen.

Ein Problem könnte eventuell darin liegen, daß die Bereitstellung ökologischer Leistungen hauptsächlich dem ökonomischen Kalkül der Landwirte entspringt und weniger den Präferenzen der Bevölkerung oder etwa ökologischen Erfordernissen (ZIMMER 1991, S.126). Ob durch eine diesen Faktoren entsprechende Anpassung des Ökopunkteschlüssels bzw. durch eine regionale Differenzierung des Modells eine bessere Bindung an die gesellschaftliche Nachfrage herbeigeführt werden kann, müßte sich erst in der Praxis erweisen. Auch die bereitgestellten Finanzmittel müssen nicht immer der öffentlichen Nachfrage nach Umweltgütern entsprechen, sondern es spricht sehr viel dafür, daß sie sich zufällig aus den momentan verfügbaren Haushaltsmitteln ergeben.
Die Ziele werden nach dem vorliegenden Konzept durch die Ausrichtung auf die im Punktekatalog vorgegebenen ökologischen Anforderungen überwiegend exogen festgesetzt. Es wäre aber auch denkbar, daß im Einzelfall die Landwirte vor Ort bei der Festlegung der Ziele stärker eingebunden werden. Durch die unterschiedliche Anzahl von Ökopunkten wird eine Typisierung der Landschaft vorgenommen und ein bestimmtes Entwicklungsziel formuliert. Trotzdem kann im zeitlichen Fortgang eine gewisse Dynamik entstehen, da die Kosten der Erstellung eines bestimmten Umweltgutes nicht zwangsläufig proportional zu dessen Knappheit sein müssen, so daß die Anbieter vor Ort nach individuellen (meist ökonomischen) Gesichtspunkten entscheiden werden, welche Umweltgüter sie bevorzugt erzeugen wollen.

6.3 Ökopunktemodell Niederösterreich

Von der Niederösterreichischen Agrarbezirksbehörde (nach MAYERHOFER und SCHAWERDA) wurde das "Modell Ökopunkte Landwirtschaft" für die Bewertung und Abgeltung ökologischer Leistungen entwickelt. *"Ziel dieses Bewertungsmodelles ist es, den Bauern über produktionsunabhängige Direktzahlungen ökologische Leistungen so abgelten zu können, daß über Zusatzindikatoren, die soziale und regionale Faktoren einbeziehen, ein Auskommen/Weiterwirtschaften, eine intakte Kulturlandschaft und eine umweltschonende landwirtschaftliche Produktion ermöglicht wird"* (MAYERHOFER und SCHAWERDA 1991).
Die Basis für die Honorierung ökologischer Leistungen stellt im vorliegenden Modell der Ökopunkt dar. Die Summe der Ökopunkte eines landwirt-

schaftlichen Betriebes ergibt sich aus der Bewertung der Wirtschaftsweise auf seinen Grundstücken und der mit den Grundstücken verbundenen Landschaftselemente. Die Ökopunkte für die Wirtschaftsweise werden mit den Ökopunkten für die Landschaftselemente multipliziert. Dadurch sollen die *"ökologischen Zusammenhänge simuliert"* und die *"Förderung von Ökologie durch den Einsatz von Geldmitteln"* realisiert werden (MAYERHOFER und SCHAWERDA 1991, S.10). Je höher die Gesamtpunktzahl, umso höher ist die ökologische Leistung des Betriebes. Die Gesamtökopunkte werden schließlich in Geldeinheiten bewertet und ergeben so den Gesamtbetrag für die Abgeltung der betrieblichen Umweltleistung.

Organisation des Ökopunktemodells

Die Grundidee des Ökopunktemodells geht vom Prinzip der Freiwilligkeit und Selbstverwaltung bzw. -kontrolle in der örtlichen Gemeinschaft aus. Die Landwirte bieten ihre ökologischen Leistungen als örtliche Gruppe über Mittlerstellen der Gesellschaft an und werden von dieser dafür honoriert. Für die korrekte Durchführung tragen sie zusammen mit der örtlichen Gemeinschaft selbst Verantwortung. Das Organisationsschema (vgl. Übersicht 2) weist neben der "lokalen Ökogemeinschaft" die Gemeinde, die Kammer sowie eine Abwicklungs- und eine Steuerungsstelle als Funktionsträger aus.
Die Aufgaben der Gemeinde und Kammer sind beratender und administrativer Art. Sie geben fachliche Unterstützung und verwaltungstechnische Betreuung. Die Steuerungsstelle ist für das Aufstellen der Richtlinien und für die Finanzierung des Ökopunktemodells zuständig. Die Abwicklungstelle kann als ausführendes Organ bezeichnet werden. Sie plant das Arbeitsprogramm, bereitet Unterlagen vor und übernimmt die Datenerhebung, Ökopunkteberechnung und Prämienauszahlung sowie stichprobenartige Kontrollen. Ihr obliegt die Betreuung der lokalen Ökogemeinschaft, einzelner Betriebe und die Multiplikatorenschulung. Um auf bestehende Verwaltungseinheiten zurückgreifen zu können, werden diese beiden zu schaffenden Stellen den vorhandenen Agrarbehörden angegliedert sein. Die lokale Ökogemeinschaft führt die Betriebsdatenerhebung und deren Kontrolle durch, was zentraler Bestandteil der Selbstverwaltung ist.

Übersicht 2: Organisationsschema beim Ökopunktemodell Niederösterreich

Gemeinde, ...
- administrative Hilfe für lokale Ökogemeinschaft
- Anlaufstelle für INFOS
- Evidenzhaltung von Unterlagen

Kammer, ...
- Beratung einzelner Betriebe
- Beratung lokaler Ökogemeinschaften

Lokale Ökogemeinschaft
- Selbstverwaltung (Abwicklung der Datenerhebung)
- Unterstützung einzelner Betriebe bei der Datenerhebung - Multiplikationen
- Kontrolle der Betriebsdaten

Abwicklungsstelle
- Arbeitsprogramm
- Unterlagenvorbereitung
- Datenerhebung und Ökopunkteberechnung
- Prämienausbezahlung
- Betreuung der lokalen Ökogemeinschaft, einzelner Betriebe und Multiplikatorenschulung
- Kontrolle (Stichproben)

Finanzierung **Steuerungsstelle** **Richtlinien**

Quelle: MAYERHOFER und SCHAWERDA 1991

Inhalt des Ökopunktesystems

Die Ermittlung der Ökopunktezahl für die Wirtschaftsweise und für die Landschaftselemente richtet sich nach verschiedenen Kriterien (MAYERHOFER und SCHAWERDA 1991). Bei der Bewertung der Wirtschaftsweise auf einer Fläche werden verschiedene Faktoren der Bewirtschaftung für Ackerland, Wiese und Weide unterschieden und mittels eines Punkteschlüssels beurteilt (vgl. Übersicht 3). Dabei werden bei Ackerland weite Getreide-Ölfrucht-Fruchtfolgen und bessere Bodenbedeckung höher bewertet als enge Hackfrucht-Fruchtfolgen mit geringer Bodenbedeckung, wobei durch Zwischenfruchtanbau dort eine höhere Punktzahl herbeigeführt werden kann. Bei der Düngung werden allgemein niedrigere Düngergaben positiver bewertet als höhere, jedoch nach der Düngungsintensität verschiedener Kulturen unterschiedlich. Bezüglich der Art des Düngers wird Festmist gegenüber leichtlöslichem Handelsdünger bevorzugt. Aufbereiteter Dünger und Düngerteilgaben werden höher bewertet als nicht behandelte Düngemittel und die Verabreichung des Düngers ohne Aufteilung der Gesamtbedarfsmengen in Teilgaben. Die erreichten Punkte bei den verschiedenen Bewirtschaftungsfaktoren auf den Acker-, Wiesen oder Weideflächen werden dann in einer Summe zusammengefaßt.

Bei den Landschaftselementen können grobflächige, punktförmige oder lineare unterschieden werden, wobei aus dem Anteil dieser Landschaftselemente an der Gesamtfläche ein Multiplikationsfaktor über eine Tabelle (vgl. Übersicht 4) bestimmt wird. Die Landschaftselemente werden in Form ihrer Flächen berücksichtigt. Das Verhältnis zur Größe der angrenzenden landwirtschaftlichen Flächen (Prozentwert) ist der Ausgangspunkt für den Multiplikationsfaktor. Da die Fläche der Landschaftselemente auch größer sein kann als die landwirtschaftlich genutzte Fläche, der sie zugeordnet wird, können auch Prozentwerte über 100 erreicht werden.

Der Multiplikationsfaktor wird mit der vorher errechneten Summe für die Bewirtschaftung der landwirtschaftlichen Nutzflächen multipliziert und ergibt somit die Ökopunkte für Acker, Wiese oder Weide. Diese Produkte werden nun wiederum aufsummiert und ergeben die "Betriebssumme" als die "Quantifizierung der ökologischen Wirkungen und Zustände" des Betriebes. Wenn vorhanden, werden noch zusätzliche Landschaftselemente, die nicht direkt einer Betriebsfläche zugeordnet werden können, in Form eines "Erhöhungsfaktors" miteingerechnet.

Übersicht 3: Vorgehensweise bei der Ermittlung des Wertes für die Ökopunkte beim Ökopunktemodell Niederösterreich

Faktoren		Landschaftselemente		Ergebnis
Fruchtfolge/Bodenbedeckung Düngeintensität Dünger-Art/Ausbringung Schlaggröße Pflanzenschutz	X	Land- schafts- elemente	=	Ökopunkte Äcker +
Schnitthäufigkeit Düngeintensität Dünger-Art/Ausbringung Wiesenentstehung Pflanzenschutz	X	Land- schafts- elemente	=	Ökopunkte Wiesen +
Bestoßung Düngeintensität Düngerart/Ausbringung Weideentstehung Pflanzenschutz	X	Land- schafts- elemente	=	Ökopunkte Weiden
				Betriebssumme parzellenbezogen + zusätzliche LE
				verbesserte Betriebssumme Ökopunkte

Quelle: MAYERHOFER UND SCHAWERDA, 1991

Am Ende steht als Ergebnis die "verbesserte Betriebssumme Ökopunkte". Diese wird mit der Geldeinheit pro Ökopunkt multipliziert, und man erhält somit den Honorierungsbetrag für den landwirtschaftlichen Betrieb.

Übersicht 4: Punkteschlüssel zur Ermittlung des Multiplikationsfaktors für die Landschaftselemente beim Ökopunktemodell Niederösterreich

% LE je Schlag/ Parzelle	Multi- plikations- faktor
0,0 - 1,4	1,000
1,5	1,035
2,0	1,194
2,5	1,333
3,0	1,458
3,5	1,573
4,0	1,680
4,5	1,779
5,0	1,873
6,0	2,047
7,0	2,205
8,0	2,351
9,0	2,487
10	2,615
11	2,795
12	2,849
13	2,958
14	3,062
15	3,160
16	3,255
17	3,346
18	3,434
19	3,518
20	3,600
21	3,678
22	3,754
23	3,828
24	3,899
25	3,968
26	4,035
27	4,100
28	4,164
29	4,225
30	4,285
40	4,800
50	5,196
60	5,499
70	5,723
80	5,879
90	5,970
100	6,000
110 u. mehr	6,000

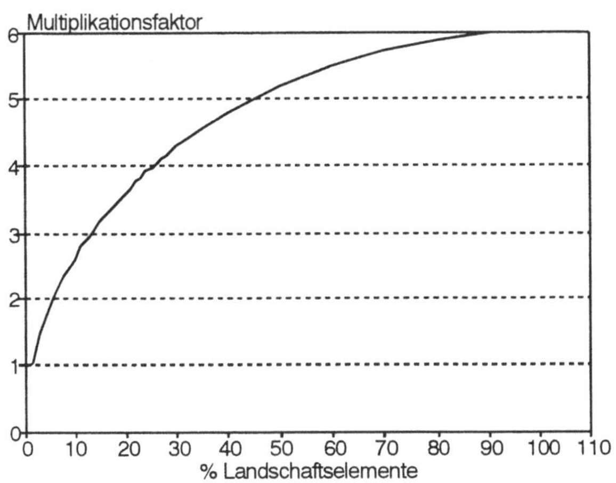

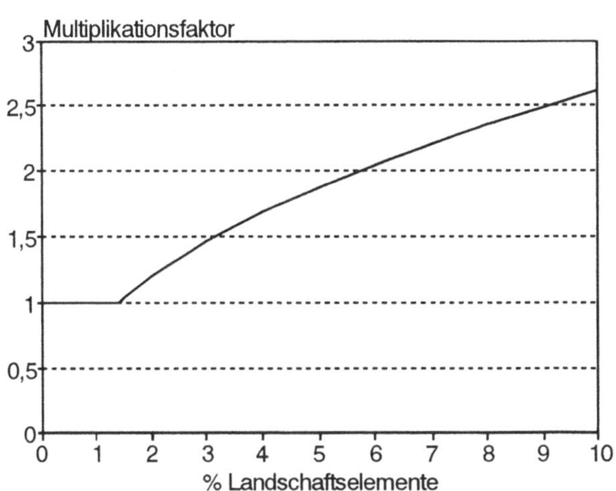

Quelle: MAYERHOFER und SCHAWERDA 1991

Voraussetzungen und Grundsätze der Ökopunktebewertung

Unbedingte Voraussetzung dieses Ökopunktesystems ist eine umfassende und exakte Erhebung in den landwirtschaftlichen Betrieben, insbesondere hinsichtlich der ökologischen und ökonomischen Situation. Pro Betrieb wird ein Zeitaufwand für ein Erhebungsgespräch von zwei bis drei Stunden angesetzt, wofür neben Übersichtskarten zur Bodenschätzung und Eigentumsnachweis auch Luftbilder vorhanden sein sollten. Auf der Grundlage dieser Erhebung werden die Ökopunkte des Betriebes aus allen Einzelflächen, also nicht mit Durchschnittswerten, berechnet.
Ökopunkte können von jedem erbracht werden, der "konkrete" Flächen bewirtschaftet. Es werden aber nicht nur die bewirtschafteten Flächen miteinbezogen, sondern auch die naturnahen Flächen im Umfeld der bewirtschafteten. Waldflächen und landwirtschaftliche Flächen im Siedlungsbereich sind im Bewertungskatalog nicht enthalten. Die ökologische Leistungen sollen überall gleich bewertet werden, unabhängig von der Region und deren naturräumlicher Ausgestaltung. Das Punkteschema gilt somit für alle Gebiete.

Bewertung des Ökopunktemodelles Niederösterreich

Das Ökopunktemodell der Niederösterreichischen Agrarbezirksbehörde gehört wohl zur Zeit zu den am stärksten differenzierten Systemen zur Honorierung ökologischer Leistungen der Landwirtschaft. Es setzt an der Wirtschaftsweise des Betriebes einerseits und an der Ausstattung mit Landschaftselementen andererseits an. Davon läßt sich ableiten, daß sowohl der Schutz der abiotischen als auch der biotischen und ästhetischen Ressourcen Ziele des Programmes sind. Bei der Honorierung der Wirtschaftsweise ist ein handlungsorientierter Ansatz erkennbar, bei den Landschaftselementen ist eher von einer Ergebnisorientierung zu sprechen.
Bezüglich des geförderten Volumens werden keine eindeutigen Aussagen getroffen. Die Summe der bereitgestellten Mittel wird von der Zahlungsbereitschaft der Gesellschaft abhängig gemacht, hier werde die Frage beantwortet, "was der Bauer der Gesellschaft wert ist" (MAYERHOFER und SCHAWERDA 1991, S.15). Es wird also von einem nachfrageorientierten Ansatz bei der Festlegung der Summe der bereitgestellten Mittel ausgegangen. Interessant erscheint in diesem Zusammenhang, daß die Honorierung ökolo-

gischer Leistungen in unmittelbarer Beziehung gesehen wird mit der Existenzsicherung landwirtschaftlicher Betriebe, ohne daß dieser Schluß näher begründet oder hinterfragt wird. Desgleichen ist festzustellen, wenn geäußert wird, das Volumen der Honorierung müsse sich an der Höhe "künftig notwendiger produktionsunabhängiger Direktzahlungen orientieren". Der Honorierung ökologischer Leistungen würde in diesem Falle die Funktion des Ausgleichs für eine restriktive Preispolitik zukommen. Dies würde aber bedeuten, daß die Ökopunkte im Zeitablauf bei sinkenden Preisen und bei steigendem außerlandwirtschaftlichem Vergleichseinkommen ständig nach oben korrigiert werden müßten. Vor allem im Zuge zunehmender Haushaltsrestriktionen wird auch in Österreich von verschiedenen gesellschaftlichen Gruppen dieses Anspruchsdenken nicht akzeptiert werden, wenn von seiten der Landwirtschaft keine erkennbare Gegenleistung erbracht wird.

Das Grundprinzip der Freiwilligkeit verbessert sicherlich die Akzeptanz in der Landwirtschaft. Es führt aber auch dazu, daß Veränderungen in der Regel nur dann durchgeführt werden, wenn sich der Betrieb eine Verbesserung der wirtschaftlichen Situation erwartet. Da andererseits identische ökologische Leistungen überall gleich hoch bewertet werden sollen, ist damit zu rechnen, daß in Ungunstlagen, je nach Höhe der Entlohnung eines Ökopunktes, erhebliche Mitnahmeeffekte auftreten werden, während sich die aus ökologischer Sicht positiven Veränderungen in Gunstlagen in engen Grenzen halten werden. Die Mitnahmeeffekte dürften in besonderer Weise bei der Honorierung für Landschaftselemente zu erwarten sein, da diese in Form eines Multiplikators in die Bewertung eingehen. Unter diesem Blickwinkel ist davon auszugehen, daß die Effizienz des Mitteleinsatzes aus ökologischer Sicht verbesserungsfähig wäre. Problematisch ist sicher, wie bei manch anderen Programmen auch, daß in einigen Bereichen die Landwirte eine Honorierung quasi ohne Gegenleistung, also ohne daß sie ihre bisherigen Handlungsweisen verändern, erhalten.

Neben den kritischen Anmerkungen sind auch positive Aspekte anzuführen. So kann allein durch die Existenz eines derartigen Programms ein gewisser gesellschaftlicher Druck auf die Landwirtschaft zur Verbesserung der ökologischen Situation erwachsen. Desweiteren kann das Ökopunktemodell bei notwendigen Eingriffen im Bereich des Ressourcenschutzes (z.B. Ausweisung von Wasserschutzgebieten) zu einer Entschärfung des Konfliktpotentials beitragen. Zumindest dürfte das Programm zum Überdenken mancher umweltschädigender Verhaltensweisen führen, insbesondere dann, wenn dies

auch aus betriebswirtschaftlicher Sicht suboptimal ist (z.B überhöhte Düngergaben). Insofern dürfte, unabhängig von den Fördersummen, ein allgemeiner "Ökologisierungsprozeß" in Gang gebracht werden.
Ein äußerst begrüßenswerter Nebenaspekt können v.a. in einem Land wie Österreich, das aufgrund der wichtigen Rolle des Fremdenverkehrs extrem stark vom Image im Ausland abhängig ist, die möglichen positiven Rückkopplungen sein. Insbesondere im Bereich der Vermarktung landwirtschaftlicher Produkte scheint bei der in ökologischen Fragen immer sensibler werdenden Bevölkerung verstärkt ein Bezug herstellbar zur umweltfreundlichen Produktionsweise und zum positiven Gesamtbild eines Landes. Insofern könnten durchaus auch günstige regionale und gesamtwirtschaftliche Wirkungen erwartet werden, wenn konsequent an diesem Image gearbeitet wird (z.B. durch gezielte Werbemaßnahmen).
Bezüglich der Zielbildung nimmt das Ökopunktemodell eine Mittelstellung ein. Zum einen ist der vorgegebene Punktekatalog sicher ein Anhaltspunkt, woran sich Aktivitäten vor Ort orientieren können. Andererseits dürfte das Prinzip der Selbstbestimmung und -verwaltung, in die Praxis umgesetzt, eine eigenständige Zielentwicklung fördern. Dazu dürfte auch die vorgesehene finanzielle Beteiligung der Kommunen sprechen, die neben Bund und Land als Finanzierungsquelle herangezogen werden sollen. Hierbei wird der Vorteil erreicht, daß ein Interesse an einer sinnvollen Mittelverwendung vor Ort eher gegeben sein dürfte, und die Kommunen werden dann auch bei der Festsetzung der entsprechenden Ziele mitbestimmen wollen.

6.4 Konzept einer differenzierten Agrarumweltpolitik

Das von HEISSENHUBER und HOFMANN (1992b) entwickelte "Konzept einer differenzierten Agrarumweltpolitik" ist in drei aufeinander aufbauende Stufen unterteilt (vgl. Übersicht 5). In Stufe 1 werden der Landwirtschaft für die Einhaltung bestimmter Mindestanforderungen (v.a. an den abiotischen Ressourcenschutz) keine Ausgleichsleistungen gewährt. Dieses Mindestniveau entspricht dem, was bislang unpräzise mit den Begriffen "ordnungsgemäße Landwirtschaft" bzw. "gute fachliche Praxis" umschrieben wird und anhand von bestimmten Richtlinien festgelegt werden müßte. Es leitet sich von den gesellschaftlichen Anforderungen an eine ressourcenschonende Landnutzung ab, die in Zukunft vermutlich noch steigen werden.

Übersicht 5: Konzept einer differenzierten Agrarumweltpolitik

Stufe 3: Regionale Maßnahmen zum Ressourcenschutz und zur Entwicklung des ländlichen Raumes

- Hecken- und Randstreifen mit Pflege
- Gebietsspezifische Fruchtfolge
- Schlaggröße in Kombination mit Strukturelementen
- Nutzungshäufigkeit/Schnittzeitpunkt (Grünland)
- Ausgleich für Bewirtschaftungserschwernis
- Ökologisch gezielte Flächenstillegung
- Projekte zur Entwicklung des ländlichen Raumes

etc.

(Staatliche Finanzierung, u.U. mit kommunaler Eigenbeteiligung, z.B.Landschaftsplanumsetzung, Dorferneuerung, Regionalprojekte etc.)

Stufe 2: Erhöhte Anforderungen an den Ressourcenschutz

- Fruchtfolgevielfalt
- Beschränkung des Düngemitteleinsatzes
- Verzicht auf Pflanzenschutzmittel
- Reduzierung des Viehbesatzes

etc.

(Finanzierung z.B. durch Wasserversorger, EU, Bund oder Land)

Stufe 1: "Gute fachliche Praxis" als Mindestanforderung an den Ressourcenschutz (flächendeckend)

- Düngung nach Entzug plus standortbezogener Zuschlag (Kontrolle über betriebsbezogene Nährstoffbilanz)
- Maßnahmen gegen Bodenerosion (Kontrolle durch schlagbezogene Bodenabtragsberechnung)
- Anwendung ressourcenschonender Produktionstechniken
- Standortangepaßte Nutzung (z.B. Grünlandnutzung in der Nähe von Oberflächengewässern)

etc.

In der Regel ohne Ausgleichsleistungen, staatliche Hilfestellung durch

- Beratungskonzepte
- Pilotvorhaben
- u.U. Investitionsförderung innovativer umweltschonender Techniken

Quelle: nach HEISSENHUBER und HOFMANN, 1992b, S.153

Stufe 2 sieht für Anforderungen, die regional das festgelegte Niveau des Ressourcenschutzes überschreiten, Ausgleichszahlungen vor, die von der EU, Bund oder Ländern finanziert werden sollen. Als Bemessungsgrundlage für die Honorierung könnten die Fruchtfolgevielfalt, der Verzicht auf Mineraldünger, der Verzicht auf Pflanzenschutzmittel und der Viehbesatz dienen. Die Ausprägungen der einzelnen Merkmale werden nach einem Punkteschema bewertet. Der Preis für einen Punkt soll so bemessen sein, daß dem Landwirt die entstehenden finanziellen Einbußen bzw. bestehende finanzielle Nachteile ersetzt werden.

Diese Kriterien sind handlungsorientiert, sollen aber trotzdem eine möglichst hohe Zielerreichung gewährleisten (HEISSENHUBER und HOFMANN 1992b, S.152). Es ist dabei nicht nur die Entlohnung von Bewirtschaftungsveränderungen möglich, sondern bereits bestehende extensive Wirtschaftsweisen, wie z.B. der ökologische Landbau oder kleine Schlaggrößen und eine hohe Fruchtfolgevielfalt, die für den biotischen und ästhetischen Ressourcenschutz vorteilhafter sind, werden honoriert. Dadurch werden die bestehenden ökonomischen Nachteile ausgeglichen. Im Hinblick auf eine gewünschte vielfältige Kulturlandschaft würde dadurch auf guten Standorten die Tendenz zu ansonsten wirtschaftlichen, aus ökologischer Sicht aber negativ zu beurteilenden Veränderungen gehemmt und auf schlechten Standorten das Brachfallen oder Aufforsten von Flächen verhindert.

Die dritte Stufe beeinhaltet die Förderung regionaler Maßnahmen zum Ressourcenschutz und zur Entwicklung des ländlichen Raumes, wobei erhöhte Anforderungen (z.B. aus Gründen des Arten- und Biotopschutzes oder aus kulturhistorischen Gründen) erfüllt werden können. Dabei soll einerseits die Bereitstellung der Mittel möglichst ungebunden erfolgen, um die Förderprogramme weitgehend flexibel gestalten zu können. Andererseits soll die finanzielle Beteiligung der Kommunen die Eigeninitiative der direkt Betroffenen und das Interesse an einem effizienten Mitteleinsatz steigern. Die relativ große Flexibilität und die starke Regionalisierung in Stufe 3 erlaubt auch eine stärkere Berücksichtigung regionaler Besonderheiten. Dabei wäre auch eine Honorierung weiterer positiver externer Effekte der Landwirtschaft (abgesehen von den ökologischen) denkbar, soweit dafür eine Bemessungsgrundlage gefunden werden kann. Die Integration von Förderprogrammen, z.B. im Rahmen der Dorferneuerung oder der Regionalentwicklung könnte hier ebenso erfolgen.

Das "Konzept einer differenzierten Agrarumweltpolitik" kann aufgrund des Stufenaufbaus und der unterschiedlichen Ansätze der Stufen nicht eindeutig nach den in Kap. 4 vorgestellten Merkmalen eingeordnet werden. Hinsichtlich des Ansatzpunktes der Honorierung bestehen sowohl ergebnisorientierte, wie z.B. in Stufe 1 (Nährstoffbilanz, Bodenabtragsberechnung als Teilnahmevoraussetzung) und Stufe 3 (Strukturelemente, Hecken usw.), als auch handlungsorientierte Elemente, wie in Stufe 1 (Anwendung bestimmter Produktionstechniken), Stufe 2 und Stufe 3 (Nutzungshäufigkeit usw.).
Die Bewertung der ökologischen Leistungen erfolgt kostenorientiert, da in Stufe 2 und 3 Einkommenseinbußen, die durch die Kosten der unterschiedlichen Maßnahmen entstehen, durch entsprechende Kompensationszahlungen ausgeglichen werden sollen. Im Gegensatz zu einer Vorgehensweise mit landesweiten Festbeträgen soll durch eine weitergehende Staffelung der Förderbeträge nach Ertragsfähigkeit bzw. Viehbesatz versucht werden, Mitnahmeeffekte so weit wie möglich zu vermeiden. Vollständig gelingen kann dies jedoch auch im vorliegenden Konzept nicht.
Die ökologischen Ziele des Konzeptes sind in Stufe 1 und 2 exogen vorgegeben. In Stufe 3 besteht die Möglichkeit für die unmittelbar Betroffenen, ihre Zielvorstellungen für die Entwicklung ihres Umfeldes einzubringen. Unter dem Begriff "differenzierte Agrarumweltpolitik" ist zu verstehen, *"daß das Niveau des Ressourcenschutzes bzw. die Intensität der Landnutzung je nach den standörtlichen Gegebenheiten und gesellschaftspolitischen Anforderungen regional oder flächenbezogen unterschiedlich sein kann"* (HEISSENHUBER und HOFMANN 1992b, S.152). Voraussetzung dafür ist, daß die Finanzmittel ungebunden vergeben werden. Die Zusammenarbeit vor Ort ermöglicht auch eine an den Präferenzen der Nachfrager orientierte Bewertung der ökologischen Leistungen der Landwirte.

6.5 Dorferneuerungsprogramm und Flurbereinigung

Von den bisher vorgestellten Programmen und Konzepten unterscheiden sich Dorferneuerung und Flurbereinigung dahingehend, daß die ökologischen Leistungen nur einen Nebenaspekt darstellen. Das Dorferneuerungsprogramm und die Flurbereinigung haben die Verbesserung der Lebens-, Wohn- und Arbeitsverhältnisse der Landwirte und aller Bürger im Dorf zum Ziel, wobei v.a. die Flurbereinigung Förderungsmaßnahmen für die Landwirt-

schaft als Schwerpunkt hat (BAYSTMELF 1986). Beides sind Aufgaben der Länder, wobei im Rahmen der "Gemeinschaftsaufgabe für Agrarstruktur und Küstenschutz" (GAK) eine Ko-Finanzierung mit Bundesmitteln existiert (BML 1993).
Die Aufgaben sind in das allgemeine landes-, agrar- und umweltpolitische Ziel der Bayerischen Staatsregierung eingeordnet, den ländlichen Raum als Gegengewicht zu den städtischen Ballungszentren zu stärken (BAYSTMELF 1991, S.2). Daraus kann man ableiten, daß dem ländlichen Raum eine große Bedeutung beigemessen wird, und den Schluß ziehen, daß diese Förderungen die Voraussetzungen für die weitere Bereitstellung der Leistungen schaffen sollen. Das Dorferneuerungsprogramm und die Flurbereinigung umfassen folgende wichtige Unterziele bzw. Maßnahmenbereiche:

- Erschließung der Dörfer, Weiler und Fluren,
- Verbesserung der Wasserwirtschaft, des Bodens und des Bodenschutzes,
- Dorferhaltung und -gestaltung,
- Verbesserung der Produktions- und Arbeitsbedingungen (Neu-, Um- und Ausbau landwirtschaftlicher Betriebe, Förderung von Gemeinschaftseinrichtungen zur überbetrieblichen Zusammenarbeit),
- Förderung außerlandwirtschaftlicher Erwerbsmöglichkeiten (Förderung des Fremdenverkehrs, Sicherung vorhandener Handwerksbetriebe, Schaffung neuer Arbeitsplätze),
- Schaffung und Erhaltung von Infrastruktureinrichtungen,
- Landespflege u.v.a.m.

Die finanzielle Förderung erfolgt für einzelne Maßnahmen. Sie wird in Form einer Anteilsfinanzierung oder Projektförderung vergeben, die sich jeweils an den entstandenen Kosten orientieren. Damit ist, ausgehend von der finanziellen Selbstbeteiligung, das Interesse der Dorfbevölkerung an den geplanten Maßnahmen und deren sinnvoller Umsetzung zu erwarten. Die Mitwirkung der Dorfbevölkerung in Arbeitskreisen zur Erörterung des erstellten Dorferneuerungsplanes gehört mittlerweile zu den Verfahrensgrundsätzen. Inwieweit die Vorstellungen der Bevölkerung bei der Beschlußfassung des Planes zum Ausdruck kommen, hängt stark von deren Initiative und der Flexibilität der planenden und umsetzenden Institutionen ab. Diese haben neben den Planungsaufgaben und der Durchführungsverantwortung v.a. auch beratende Funktionen.

Beim Flurbereinigungsprogramm bestehen z.T. übergeordnete regionale Interessen (Straßen- und Wasserbau etc.), was die direkten Einflußmöglichkeiten der Landwirte verringert. Auch bei der "Neugestaltung der Landschaft" im Verfahrensgebiet (Neueinteilung der Flurstücke, Anlage von Biotopen etc.) zeigen sich die Planungshoheit der Flurbereinigungsbehörden und die geringen Einflußmöglichkeiten der Landwirte.
Aus einer Untersuchung von KÖTTER (1990, S.185f.) geht hervor, daß die obengenannten Ziele der Dorferneuerung mit den Fördermaßnahmen weitgehend erreicht werden. Zudem ist die Dorferneuerung eine sinnvolle Ergänzung zu sektoralen Förderprogrammen. Eine weitere Einbindung in regionalpolitische Gesamtkonzepte wäre anzustreben, um eine noch höhere Effektivität der Maßnahmen zu erreichen.
Die Effizienz der eingesetzen öffentlichen Zuschüsse wird durch die Investionen kommunaler und privater Träger weiter erhöht. Entsprechend sind auch nicht zu unterschätzende Beschäftigungseffekte zu verzeichnen. Nebenerwerbsbetriebe erfahren zu einem gewissen Anteil eine Unterstützung in ihrer außerlandwirtschaftlichen Tätigkeit (BAYSTMELF 1991, S.44f.). Die Landwirtschaft insgesamt kann durch Rationalisierungseffekte in der Innen- und Außenwirtschaft höhere Roheinkommen und Produktivitätsfortschritte erzielen (BAYSTMELF 1989, S.68f. und 1991, 1ff.).

6.6 Regionalprogramm "Förderung der 5b-Gebiete"

Die 5b-Förderung verfolgt das Grundziel der Landesentwicklung, "*in allen Landesteilen möglichst gleichwertige, gesunde Lebens- und Arbeitsbedingungen zu schaffen. Dabei soll der ländliche Raum durch Verbesserung der natürlichen, wirtschaftlichen, sozialen und kulturellen Verhältnisse als gleichwertiger und eigenständiger Lebensraum unter Wahrung seiner Eigenart und gewachsenen Strukturen gesichert und gestärkt werden. Das vorhandene und erfolgversprechende endogene Potential soll dazu aktiviert werden*" (BAYSTMELF 1990). Durch geeignete Maßnahmen sollen Wirtschaftskraft und Attraktivität des ländlichen Raums gefördert werden. Die Maßnahmen verteilen sich auf folgende Bereiche, die im "Operationellen Programm" detaillierter niedergelegt sind:

"- *Erhaltung und Entwicklung einer dauerhaften, wirtschaftlichen und kulturellen Eigenständigkeit,*

- *Sicherung der bäuerlichen Struktur mit Voll-, Zu- und Nebenerwerbsbetrieben unter besonderer Berücksichtigung umweltschonender, qualitätsbezogener Produktionsweisen und integrierter 'Produktionsschienen',*
- *Erzeugung regionaler, gegendtypischer und historisch überlieferter Nahrungsmittel mit entsprechenden regionalen Einrichtungen und Direktvermarktung,*
- *Wiederherstellung, Schutz und Pflege der ursprünglichen Vielgestaltigkeit der Landschaft, der Natur, der freilebenden Tier- und Pflanzenwelt,*
- *Erhaltung, Sanierung und Verbesserung der landschaftsgebundenen und gestalteten Bausubstanz,*
- *Stärkung der jugend-, familien- und altengerechten sozialen, infrastrukturellen Einrichtungen und Aktivitäten,*
- *Verwertung anfallender Biomasse in dezentralen, überbetrieblichen Energieversorgungseinheiten oder industrielle Weiterverarbeitung,*
- *Beratung, Aus- und Fortbildung und Umschulung der im Fördergebiet wohnenden Arbeitskräfte durch regional orientierte, landwirtschaftliche oder außerlandwirtschaftliche, höher qualifizierte Arbeitsplätze unter Einbeziehung der Frauen und Jugendlichen, bessere Qualifikation der Unternehmen in modernen Verwaltungs- und Organisationstechniken,*
- *Anwendung moderner Techniken der Telekommunikation zur Unterstützung der privaten, kommunalen und staatlichen Aufgaben, sowie der besseren und aktuellen Information der Bürger im Rahmen der Aus- und Fortbildung sowie der Kommunikation aller Bürger in den 5b-Gebieten zur besseren Identifikation mit ihren Lebensbereichen und Anbindung an nationale und internationale Kommunikationswege."*

Die Förderung erfolgt als einmalige Anteilsfinanzierung (keine dauerhaften Transferzahlungen), die sich an den Kosten der Einzelmaßnahmen orientiert. Für die Umsetzung von Projekten in den Maßnahmenbereichen sind sogenannte Koordinierungsstellen zuständig. Diese übernehmen die Beratung, Durchführung, Kontrolle und Überwachung der Projekte.

Über den mittel- bis langfristigen Erfolg der 5b-Förderung läßt sich noch wenig aussagen. Positiv herausgestellt werden kann der integrierte, sektorübergreifende Ansatz, der sich nach der Reform der Strukturfonds in mehre-

ren EU-Programmen wiederfindet (Integriertes Mittelmeerprogramm etc.). Von verschiedenen Seiten wird jedoch Kritik an der Organisation des Operationellen Programms geübt. Insbesondere wird das in Teilgebieten geringe Interesse zur Teilnahme an dem Förderungsprogramm angemerkt. In diesem Zusammenhang ist festzustellen, daß in Regionen, in denen durch besondere Förderungsmaßnahmen in der Vergangenheit bereits eine positive Regionalentwicklung eingeleitet wurde (z.B. "Neues fränkisches Seenland"), viel stärkeres Interesse an der Förderung besteht als in Gebieten, wo die Beratungsstellen erstmals mit ihrer Arbeit beginnen.
Die genannten Kritikpunkte werden auf eine fehlende Gesamtkonzeption der 5b-Förderung zurückgeführt. Ein grundlegendes Problem stellt dabei schon die Tatsache dar, daß die Festlegung der Gebietskulisse anhand weniger Kriterien exogen vorgenommen wurde. Auch die zeitliche Reihenfolge bei der Durchführung des Programmes ist kritisch zu sehen. Es ist wenig sinnvoll, von Anfang an finanzielle Mittel in großem Umfang bereitzustellen und dann nach förderfähigen Projekten zu suchen. Vielmehr müßte die Höhe der bereitgestellten Mittel parallel zu den in den Regionen entwickelten Ideen im Zeitablauf allmählich gesteigert werden. Es sollte noch stärker auf die Aktivierung und Integration des endogenen Potentials im ländlichen Raum Wert gelegt werden. Von größter Bedeutung sind dabei die Berater vor Ort, die in vielen Einzelgesprächen versuchen müßten, das in einer Region vorhandene Potential zu wecken. Ein wesentliches Problem ist dabei sicherlich die knappe personelle Ausstattung der Beratungsstellen. Zudem ist der durch die Haushaltsvorgaben entstehende Zeitdruck von Nachteil, weil die Entwicklung neuer Projekte ein Umdenken in der Landwirtschaft und der übrigen ländlichen Bevölkerung voraussetzt. Dies kann jedoch nur in einem länger währenden Prozeß mit begleitender Beratung erwartet werden.

6.7 Regionalentwicklungsprojekt "Agrar-Umweltkonzept Schwarzachtal"

Als ein weiteres Regionalentwicklungsprojekt soll das "Agrar-Umweltkonzept Schwarzachtal" der Landesvereinigung für den ökologischen Landbau in Bayern e.V. (LVÖ) vorgestellt werden.

Ziele und Inhalt

Beim "Modell Schwarzachtal" wird in einem umfassenden regionalen Ansatz versucht, die Anforderungen des Schutzes der natürlichen Ressourcen mit den Vorstellungen der betroffenen Interessengruppen zu integrieren. Als Instrumente zur Umsetzung des Konzeptes dienen zum einen finanzielle Anreize in Form der Flächenprämien der staatlichen Umwelt- und Naturschutzprogramme, zum anderen sollen Projekte im Bereich alternative Vermarktungsformen und Fremdenverkehr initiiert werden, die eine besondere, umweltgerechte Bewirtschaftung als Voraussetzung haben.
Mit dem Projekt "Agrar-Umweltkonzept Schwarzachtal" wird die Absicht verfolgt, *"Ansätze für eine Lösung der krisenhaften Entwicklung der Landwirtschaft"* zu erarbeiten und umzusetzen (LVÖ 1992a). Die Krise der Landwirtschaft hat nach Meinung der LVÖ drei Dimensionen:

- Eine ökologische Dimension
  Durch eine Zweiteilung der Landwirtschaft in Gunstlagen mit Spezialisierung und Intensivierung sowie Aufgabe der extensiven Landbewirtschaftung in Ungunstlagen, mit der ein Verlust *"wertvoller, anthropogen geprägter und ökologisch stabiler Räume und deren Ausgleichsfunktion"* verbunden ist.
- Eine ökonomische Dimension
  Die Einkommen der Landwirte werden über EU-Subventionen nicht ausreichend gesichert. Neben einer aktiveren und verbesserten Vermarktung kann die *"Entlohnung möglicher und realer Leistungen für die Pflege und Erhaltung einer artenreichen Kulturlandschaft"* eine Stabilisierung der landwirtschaftlichen Einkommen herbeiführen.
- Eine soziale Dimension
  Durch den *"Verlust des landwirtschaftlichen Bewußtseins"* ergeben sich zusätzliche Probleme. Die Landwirte fühlen sich in der Gesellschaft durch eine sinkende Wertschätzung infolge intensivierungsbedingter Umweltschäden isoliert.

Ausgehend von diesen Problemen steht im Mittelpunkt das Ziel einer *"sinnvollen Integration zwischen ökonomischen Nutzungs- und ökologischen Schutzansprüchen"*. Diese Vorgabe soll durch die Umstellung der Wirtschaftsweise auf eine umweltgerechte Landbewirtschaftung unter Einbeziehung besonderer Artenschutz- und Landschaftspflegemaßnahmen realisiert werden. Dabei soll die Landwirtschaft in ihrer wirtschaftlichen Existenz nachhaltig, u.a. über eine Entlohnung der erbrachten ökologischen Leistungen, gesichert werden. Es werden daher sowohl einzelbetriebliche ökologische Optimierungen als auch besondere Vermarktungsaktivitäten für die umweltgerecht erzeugten Produkte angestrebt (LVÖ 1992).

Vorgehensweise

In einem ersten Arbeitsschritt soll ein Rahmenkonzept in Form eines "ökologischen Leitbildes" mit Leitlinien für eine naturraumangepaßte Entwicklung und Bewirtschaftung für das Projektgebiet erarbeitet werden. Darauf aufbauend wird das *"Feinkonzept für eine ökologisch orientierte Bewirtschaftung parallel zur Erarbeitung einzelbetrieblicher Entwicklungskonzepte in direkter Zusammenarbeit mit den Landwirten erstellt"* (LVÖ 1992).
"Im Vordergrund steht die (...) Existenzsicherung der landwirtschaftlichen Betriebe durch ökologisch angepaßte Bewirtschaftungsmaßnahmen und aktiven Ressourcenschutz (...), nicht die Umsetzung eines vorgefertigten 'Landschaftsplanes' oder eines 'Biotopverbundsystems', das ohne die Landwirte entstanden ist." In diesem Zusammenhang soll bei den Landwirten ein *"Eigeninteresse für eine naturschonende Bewirtschaftung und aktive Bodenpflege im Sinne der Erhaltung einer artenreichen Kulturlandschaft"* geweckt werden. Dies erfordert ein *"vielseitig orientiertes Vorgehen"*. Als Grundlage dieser Umorientierung ist eine lukrative finanzielle Entlohnung im Sinne einer neuen Wertschätzung einer Landwirtschaft zu sehen, die in besonderem Maße dem Naturraum angepaßt und ökologisch verträglich ist (LVÖ 1992).
In allen Phasen des Projektes kommt der Zusammenarbeit der verschiedensten Interessengruppen eine große Bedeutung zu. Dafür soll der Verein "Ökologische Modellregion Schwandorf e.V." (ÖMS) als Basis dienen, da sich Landkreis, Kommunen, Verbände, Interessenvertretungen, Politiker und die Ämter für Land- und Forstwirtschaft dort schon zu gemeinsamen Projekten zusammengeschlossen haben.

Umsetzung und Finanzierung

Die Region liegt im 5b-Gebiet, somit könnten die zu entwickelnden Einzelprojekte im Bereich von Betriebsumstrukturierungen, Vermarktung sowie der Integration von Maßnahmen zur Entwicklung eines ländlichen, "sanften" Tourismus durch Mittel aus der 5b-Förderung unterstützt werden. Auch sollen die bereits zur Verfügung stehenden einzelbetrieblichen Förderungsprogramme in die "Gestaltungsberatung" miteinbezogen werden. Zur Entgeltung der durch die Umstellung der Bewirtschaftung auf den landwirtschaftlichen Flächen erbrachten Leistungen sollen die bestehenden Umwelt- und Naturschutzprogramme stärker in Anspruch genommen werden.

Bewertung des "Agrar-Umweltkonzepts Schwarzachtal"

Das "Modell Schwarzachtal" kann nach den genannten Ordnungsmerkmalen folgendermaßen eingruppiert werden:
Bei der geplanten Umsetzung des Konzeptes spielen bestehende Umwelt- und Naturschutzprogramme eine wichtige Rolle. Entsprechend deren Ausgestaltung dürfte die Honorierung ökologischer Leistungen überwiegend handlungsorientiert erfolgen. Durch die gezielte Umsetzung ökologischer Maßnahmen soll eine Einkommensverbesserung für landwirtschaftliche Betriebe erreicht werden, was u.a. mit der "neuen Wertschätzung" einer ökologisch angepaßten Landwirtschaft gerechtfertigt wird.
Neben der exogenen Zielvorgabe, die sich in gewissem Grade im erstellten Rahmenkonzept wiederspiegelt, sollen die Vorstellungen der ortsansässigen Landwirte verstärkt berücksichtigt werden. Unter diesen Gesichtspunkten ist davon auszugehen, daß die Akzeptanz bei der landwirtschaftlichen Bevölkerung insgesamt gut sein müßte. Dies wäre auch deshalb zu erwarten, weil Landwirte für ihren Betrieb aufgrund des Prinzips der Freiwilligkeit keine Einschränkungen zu befürchten hätten, wenn die Voraussetzungen für eine Teilnahme weniger gut sind. Andererseits dürfte es bei Betrachtung der doch insgesamt gesehen relativ ressourcenschonend betriebenen Landbewirtschaftung in der Region eine größere Anzahl von Betrieben geben, bei denen das Ziel der Einkommensverbesserung realisiert werden könnte. Aus dem Zwischenbericht zum "Agrar-Umweltkonzept Schwarzachtal" (LVÖ 1992b) geht jedoch hervor, daß die angebotenen Förderprogramme, wie z.B. KULAP und die Umwelt- und Naturschutzprogramme des Bayerischen

Umweltministeriums, bislang wenig in Anspruch genommen werden. Die Ursache dafür dürfte einerseits in einer mangelhaften Information über die Inhalte der Förderprogramme, andererseits aber auch in der für viele Betriebe wenig lukrativen Ausgestaltung liegen. Aufgrund der Preisbeschlüsse der EU-Agrarreform werden die Förderprogramme in Zukunft eine höhere Attraktivität für die Landwirte der Region haben. Zusammen mit den Chancen, die alternative Einkommensmöglichkeiten bieten, dürfte die Akzeptanz des Konzeptes daher besser werden.
Eine Aussage über die zu erwartende Zielerreichung ist, wie bei allen Projekten, die sich noch in der Planungsphase befinden, äußerst schwierig. Sie können nur auf Plausibilitätsüberlegungen und Vermutungen beruhen. Aus der Erfahrung bereits durchgeführter Projekte (vgl. Waldviertelmanagement) ist aber zumindest festzustellen, daß der Person des Projektleiters und dessen integrativer Wirkung eine entscheidende Bedeutung zukommt.
Die Effektivität der eingesetzten Mittel in bezug auf die verschiedenen verfolgten Ziele hängt wegen der Grundidee, daß die Landwirte und die anderen Interessengruppen von Anfang an miteinbezogen sein sollen, stark von der Bereitschaft der Beteiligten ab, an der integrativen Entwicklung mitzuarbeiten. Gerade die starke Einbeziehung der Bevölkerung vor Ort schon in die Planungsphase dürfte sich im Hinblick auf die Wirksamkeit der Maßnahmen positiv auswirken. Zu bedenken ist allerdings, daß bei der Vielzahl der verfolgten Ziele auch in Teilbereichen Zielkonflikte auftreten können. Da z.B. ein Hauptziel darin besteht, das Einkommen landwirtschaftlicher Betriebe zu verbessern, ist andererseits damit zu rechnen, daß die ökonomisch-ökologische Effizienz beim Einsatz der Umweltprogramme relativ gering sein dürfte. Diese Interpretation basiert auf der Erkenntnis, daß man zur Verwirklichung des Einkommenszieles im Einzelbetrieb versuchen muß, die Mitnahmeeffekte zu maximieren. Bezüglich der geplanten Förderungen im Bereich Vermarktung und Fremdenverkehr wäre unter Umständen eine relativ gute Effizienz der eingesetzten Mittel zu erwarten. Dafür spricht, daß als Voraussetzung zum Erhalt öffentlicher Zuschüsse auch private Investitionen erfolgen müssen. Durch die Eigenbeteiligung müßten die Teilnehmer stärker an einem Erfolg der Maßnahmen interessiert sein.

6.8 Regionalprojekt Waldviertelmanagement

Ursprung und Zielsetzung

Als Beispiel für ein bereits existierendes Regionalentwicklungsprojekt soll "Das Waldviertel-Management" (WVM) vorgestellt werden. Die Einrichtung des WVM ist auf die Protestbewegung gegen die Nutzung des strukturschwachen Waldviertels (Niederösterreich) als "nationales Abfallager" und der damit einhergehenden Bildung von Interessengruppen zur Förderung dieser Region zurückzuführen (WVM 1992). Durch den öffentlichen Druck sah sich die Landesregierung von Niederösterreich dazu genötigt, die Stelle eines Landesbeauftragten für das Waldviertel einzurichten, der sich um die Regionalentwicklung und wirtschaftliche Förderung dieses Gebietes kümmern sollte. Das Ziel der Arbeit des WVM ist die "Überwindung der inneren Resignation" und die Förderung einer eigenen Identität der Region sowie Stärkung des Selbstbewußtseins der Bevölkerung. Dabei sollen insbesondere Maßnahmen zur Verbesserung der Wirtschaftskraft der Region gefördert werden.

Die Stelle des Landesbeauftragten ist als "Keimzelle" des WVM zu sehen. Die Arbeit des WVM begann an der landwirtschaftlichen Fachschule Edelhof (Zwettl), wo der Landesbeauftragte in Personalunion Direktor ist. Von dort gingen auch erste landwirtschaftliche Aktivitäten, wie bäuerlicher Fremdenverkehr, Betriebssanierung und Initiierung "sanfter" Betriebsumstellungen, durch Schüler und Absolventen der Fachschule aus. Darauf folgte die Organisation von sogenannten "Gästeringen" als Zusammenschluß der Anbieter von bäuerlichem Fremdenverkehr, die auch eine zentrale Zimmervermittlung einrichteten.

Ausgangssituation im Waldviertel

Das Waldviertel ist aufgrund der schlechten wirtschaftlichen und strukturellen Standortvoraussetzungen durch Bevölkerungsabwanderung gekennzeichnet. Auch in der Landwirtschaft zeigen sich diese Auswirkungen. Der Rückgang der landwirtschaftlichen Betriebe beträgt derzeit 10-12% pro Jahr. Nach MAYERHOFER (1992, mdl.) lassen sich die 15.000 landwirt-

schaftlichen Betriebe des Waldviertels ungefähr in drei zahlenmäßig etwa gleich große Gruppen einteilen. Die Betriebe, die aufgrund ihrer schwierigen wirtschaftlichen Lage keine Zukunftsperspektiven besitzen, stehen einer Beratung meist ablehnend gegenüber. Demgegenüber ist das obere Drittel von selbst so aktiv und wirtschaftlich gesund, daß eine Beratung aus Gründen der Existenzsicherung nicht nötig ist. Für die Zusammenarbeit in den durchgeführten Projekten sind diese gut ausgebildeten (Vollerwerbs-)Betriebe, die zudem meist in für Waldviertel-Verhältnisse relativ günstigen Lagen ihren Betriebssitz haben, aber die wichtigste Gruppe. Die Hauptansprechpartner für eine Entwicklungsberatung finden sich im mittleren Drittel. Die Durchschnittsgröße der Betriebe im Waldviertel wie auch der 900 Mitgliedsbetriebe des WVM beträgt 15 bis 20 ha. Von besonderer Bedeutung in der Region sind aufgrund ihrer großen Anzahl die Nebenerwerbsbetriebe.
Die Region ist durch eine vielfältige, kleinstrukturierte Landschaft geprägt, die auf die traditionelle agrarische Nutzung im Waldviertel zurückzuführen ist. Kennzeichnend dafür sind ein hoher Grünlandanteil, kleinparzellierte Flurstücke und eine relativ geringe Intensität, die jedoch in günstigeren Lagen zunimmt.

Organisation und Arbeitsschwerpunkte

Die Basis des WVM bilden folgende Vereine:
- Verein zur Förderung der Forst- und Holzwirtschaft,
- Verein zur Förderung von Fremdenverkehr, Kunst und Kultur,
- Verein zur Förderung der Tierhaltungsalternativen,
- Verein zur Förderung der Sonderkulturen.

Die Mitglieder dieser Vereine bilden für einen bestimmten wirtschaftlichen Zweck Gesellschaften mit beschränkter Haftung. So bestehen seit einiger Zeit
- die WALDLAND Betriebs- und Handels- Ges.m.b.H. als Vermarktungs- und Vertriebsorganisation landwirtschaftlicher Erzeugnisse des Waldviertels,
- die TRAVELLER Ges.m.b.H, ein Reisebüro das auch die Vermittlung der Fremdenverkehrsangebote des Waldviertels durchführt,

- die HUMUVIT Ges.m.b.H für die Kompostierung und Verwertung anfallender Biomasse im Waldviertel und
- die BIOGEN Rohstoff-Genossenschaft m.b.H zur Verwertung und Vermarktung von Reststoffen der Holzwirtschaft.

Die Konstellation verschiedener Zusammenschlüsse (GmbH <--> Vereine) erweist sich im Hinblick auf gewerbe-, steuer- und finanzrechtliche Aspekte von Vorteil, insbesondere das Vereinsrecht bietet die Möglichkeit, steuerliche Vergünstigungen zu nutzen.
Die Gesellschaften bzw. die Mitglieder dieser Gesellschaften und Vereine werden durch Mitarbeiter des WVM betreut. Die Betreuung gliedert sich nach Sachgebieten in verschiedene Abteilungen, woraus sich auch die Arbeitsschwerpunkte ableiten lassen.

- *Abteilung 1* - Wirtschaft/Projekte, zentrale Angelegenheiten:
  Sie befaßt sich mit Projekten von regionaler Bedeutung, mit Sanierungen von Betrieben und Unternehmen sowie der Sammlung von "Ideen und Utopien von außen".
- *Abteilung 2* - Landwirtschaft:
  Sie kümmert sich um den Anbau und Vermarktung der landwirtschaftlichen Produkte, insbesondere um die Sonderkulturen und die Tierhaltungsalternativen.
- *Abteilung 3* - Fremdenverkehr, Kunst und Kultur:
  Sie übernimmt die Aufgabe der Beratung, des Marketing und der Werbung für den Tourismusbereich und unterstützt eigenständige, kulturelle Aktionen im Waldviertel.
- *Abteilung 4* - Forst, Holz, Energie und Umwelt:
  Hier sind alle Aktivitäten im Bereich der Holz- und Forstwirtschaft zusammengefaßt. Desweiteren werden Projekte zur Biomasseverwertung (z.B. Hackschnitzel zur Energieerzeugung und sonstige biologische Abfälle zur Kompostierung) unterstützt.
- *Abteilung 5* - Wald-, Wild- und Naturschutz:
  Diese Organisation berät v.a. Waldbesitzer in Sachen Waldpflege und Forstwirtschaft.

Bei Beratung und Betreuung wird besonders darauf geachtet, daß die Projekte ein geringes Risiko aufweisen. Es wird daher nur der Anbau von Erzeugnissen empfohlen, die nach Art und Menge profitabel verkauft werden können. Maschineninvestitionen werden so geplant, daß die Maschinen und Geräte in Form eines Maschinenservices (Lohnunternehmen) weitgehend ausgelastet werden, und dadurch die Maschinenkostenbelastungen so gering wie möglich gehalten werden können. Der praktizierte Vertragsanbau ist auf größte Flexibilität ausgerichtet (jährliche Anbauverträge), so daß unrentable Zweige kurzfristig wieder eingestellt werden können.
Die Erzeugnisse aus dem WVM werden in vielen Hotels und Gasthäusern des Waldviertels verkauft. Der Umsatz der gesamten Geschäftstätigkeit der unter dem WVM vereinten Unternehmen beträgt 29 Mio. DM. Davon entfallen ca. 8,5 Mio. DM auf Umsätze aus dem Bereich Landwirtschaft.

Finanzierung

Das WVM ist als selbständiger Verein (seit 1990) weitgehend unabhängig und nicht an das öffentliche Haushaltsrecht gebunden. Lediglich umgerechnet 430.000 DM werden vom Land in Form der Gehälter für drei Landesbeamte als direkte Unterstützung gewährt. Die betreuten Projekte werden über die allgemeinen, staatlichen Förderprogramme (Investitionsförderprogramme) finanziert. Weitere finanzielle Förderungen fließen den Betrieben über bestehende Umwelt- und Naturschutzprogramme zu. Eine Beratungshilfe für eine optimierte Teilnahme der landwirtschaftlichen Betriebe an den Programmen wird vom WVM angeboten.

Bewertung des Waldviertelmanagements

Vom Ansatz und von den Zielen unterscheidet sich das WVM stark vom KULAP und anderen ökologisch ausgerichteten Konzepten. Das WVM hat keine fest vorgegebenen, operationalen Zielvorgaben. Die Ideen und Projekte für die zukünftige Entwicklung sollen aus der Bevölkerung kommen. Im Vordergrund stehen die Förderung der Identität und die Weiterentwicklung der Region. Nebenziele sind dabei die Förderung der Wirtschaftskraft und die Erhaltung der Landwirtschaft, dies soll mit Hilfe alternativer Erwerbs-

möglichkeiten erreicht werden. Umweltziele sind eher von untergeordneter Bedeutung bzw. deren Erfüllung soll durch die weitgehende Beibehaltung der traditionellen Wirtschaftsweise als "Nebenprodukt" abfallen. Dies wiederum ist jedoch Voraussetzung für die Attraktivität bezüglich des Fremdenverkehrs, der viel vom typischen Charakter dieser Region profitiert. Der Erfolg des WVM bei den Landwirten hängt auch stark von einer guten Entwicklung von "Vorzeigeobjekten" ab, die eine Art Vorbildfunktion haben und zur Nachahmung durch Interessierte anregen können.
Der ländliche Raum erfährt Unterstützung durch Maßnahmen im Bereich der Landwirtschaft und regionalen Wirtschaftsförderung. Die allgemein gesetzten Ziele werden im Großen und Ganzen erreicht (MAYERHOFER 1992, mdl.). In Einzelfällen gibt es natürlich Probleme, die operativen Planungsziele umzusetzen. Über die ganze Region hinweg gesehen, hat das Waldviertel durch die Initiativen des WVM jedoch starken Auftrieb erhalten.
Das ökologische Hauptziel, die Erhaltung der typischen Landschaft des Waldviertels durch traditionelle Wirtschaftsweisen, scheint weitgehend erreicht zu werden. Unterstützt wird dies durch die Einsicht der Beteiligten, daß die abwechslungsreiche Kulturlandschaft zunehmend zum Wirtschaftsfaktor für den Tourismus und die damit verbundenen ökonomischen Vorteile wird. Aber auch die neben der Grünlandwirtschaft traditionelle Bewirtschaftung mit für das Waldviertel typischen Verkaufsprodukten, wie Mohn, Dinkel, Trockenblumen, Leinsamen, Mariendistel, Kümmel, Tee- und Gewürzkräuter etc., trägt zur Vielfalt - v.a. optisch - bei. Somit sind durch die Kulturvielfalt auch für den biotischen Ressourcenschutz gute Voraussetzungen vorhanden. Teilweise ergeben sich durch die Anwendung staatlicher Förderprogramme aber auch ungewollte Entwicklungen. So werden z.B. in Ungunstlagen des Waldviertels durch den finanziellen Anreiz staatlicher Programme viele Flächen mit Fichtenmonokulturen aufgeforstet, was störend in der harmonischen Landschaft des Waldviertels wirkt.
Eine allgemeine Beurteilung der ökonomischen Effizienz ist im Rahmen der vorliegenden Arbeit nicht möglich, da die Beziehungen und Abhängigkeiten zwischen den eingesetzten Finanzmitteln und dem daraus entstandenen Nutzen aufgrund der vielfältigen Ziele sehr schwierig zu ermitteln sind. Die Zuordnung wird dadurch erschwert, daß sich die finanzielle Förderung auf viele verschiedene Programme unterschiedlicher Institutionen verteilt.
Die für Investitionsprojekte im WVM eingesetzten öffentlichen Fördermittel ziehen durch die vorherrschende Anteilsfinanzierung private Investitionen

nach sich. Die Selbstbeteiligung und die Eigenverantwortung bedingen zum einen im Vergleich zum Einsatz öffentlicher Mittel höheren Output und führen zu einem rationalen Mitteleinsatz. In diesem Bereich kann man daher eine relativ hohe ökonomische Effizienz erwarten.
Beim Einsatz öffentlicher Mittel innerhalb der angebotenen Umwelt- und Naturschutzprogramme ergibt sich ein anderes Bild. Die Umweltleistungen in Form einer "schönen Landschaft" und der Schutz der abiotischen und biotischen Ressourcen waren durch die standortbedingte, extensive Bewirtschaftung bereits vor der Zahlung von Prämien vorhanden. Die Prämienzahlungen haben somit vordergründig den Charakter von Einkommenstransfers, sofern diese positiven externen Effekte auch weiterhin, wenn auch unter Umständen in anderer Form und anderer Dimension, von den Landwirten erbracht worden wären. Aber aufgrund der schwierigen Verhältnisse im Waldviertel ist anzunehmen, daß viele Betriebe von der nächsten Generation an nicht mehr weitergeführt würden und somit nicht wenige Flächen Brachfallen würden. Ob allerdings das Waldviertelmanagement hier eine entscheidende Veränderung herbeiführen kann, darf bezweifelt werden.
Im Hinblick auf die strategische Ausrichtung der Region auf den Tourismus und der damit verbundenen Bereitstellung von Fremdenverkehrseinrichtungen scheint der Mitnahmeeffekt im Bereich der Umweltprogramme gesamtwirtschaftlich eher akzeptabel zu sein. Je erfolgreicher die weitere Entwicklung der Region verläuft, umso stärker ist damit zu rechnen, daß "im Überschuß" vergebene finanziellen Mittel wieder investiert werden. Damit kann die weitere Entwicklung der landwirtschaftlichen Betriebe, aber auch anderer Wirtschaftsbereiche gefördert werden. Mit der Zeit kann u.U. auf die Unterstützung der Landbewirtschaftung aus zentralen Quellen völlig verzichtet werden, da die Pflege der Kulturlandschaft als Voraussetzung für den Tourismus erkannt wird. Die Bereitstellung dieser Dienstleistung, die ja eigentlich als eine Aufgabe der in der Region wirtschaftenden Gruppen zu betrachten ist, wird dann eventuell tatsächlich von diesen ohne gesonderte Honorierung übernommen werden.
Von den ca. 15.000 landwirtschaftlichen Betrieben des Waldviertels sind nur 6% (900) Mitgliedsbetriebe des WVM. Geht man von diesem Prozentsatz der Gesamtheit der landwirtschaftlichen Betriebe aus, so muß die Akzeptanz bei den Landwirten als relativ gering eingestuft werden. Dies ist vermutlich auf eine konservative Grundhaltung der Landwirte gegenüber ungewohnten Betätigungsfeldern und bei konkreten Projekten auf die Scheu vor dem

unternehmerischen Risiko zurückzuführen.
Das WVM hatte zu Beginn einige Anlaufschwierigkeiten, da Vorzeigeobjekte mit Vorbildfunktionen fehlten. Bei den Landwirten war und ist z. T. heute noch wenig Eigeninitiative vorhanden, neuartige Projekte anzugehen. Gleichzeitig besteht eine große Erwartungshaltung, daß das WVM alle nötigen Aktivitäten organisiert und selbst durchführt. Mittlerweile wird von den Mitgliedsbetrieben mehr Engagement gezeigt, und man kann zumindest bei diesen von einer guten Beteiligung sprechen.
Inwieweit in der Gesellschaft insgesamt eine breite Zustimmung zu Projekten nach Art des WVM existiert, ist schwer einzuschätzen. Aufgrund der Entstehungsgeschichte des WVM ist aber davon auszugehen, daß von verschiedensten Interessengruppen - vermutlich sogar von einem Großteil der Bevölkerung - die Einrichtung einer solchen Institution gefordert und unterstützt wurde. Ferner scheint ein großes Interesse der Bevölkerung an der Region und dem dort vorhandenen Angebot zu bestehen. Dies wird durch steigende Besucherzahlen dokumentiert und 30.000 bis 40.000 Gäste, die einer Umfrage zur Folge nur aufgrund der alternativ erzeugten Produkte ins Waldviertel kommen.
Durch die Teilnahme an den Projekten des WVM und durch die Inanspruchnahme der staatlichen Umwelt- und Naturschutzprogramme ist eine Verbesserung der Einkommenssituation der landwirtschaftlichen Betriebe möglich. Wie positiv sich diese Maßnahmen auf die Einkommen der Landwirte auswirken, hängt neben den einzelbetrieblichen Faktoren - im speziellen den Kosten für das Erbringen der Umweltleistungen - auch vom Erfolg der Projekte in Zusammenarbeit mit dem WVM ab. In den relativ bevorzugten Lagen des Waldviertels, in denen auch eine größere Betriebsstruktur vorherrscht, sind umfangreichere Einkommensverbesserungen zu erwarten als in Ungunstlagen, da durch die natürlichen Standortvoraussetzungen die Flexibilität in der Wahl des optimalen Produktionsverfahrens und die Erträge höher sind.
Für eine Vielzahl von Betrieben stellt die Einkommenskombination aus Landwirtschaft und Gast- bzw. Beherbergungsgewerbe eine vorteilhafte Alternative dar, wobei die notwendigen und z.T. bedeutenden Veränderungen der Betriebsorganisation zu berücksichtigen sind. Es muß auch darauf hingewiesen werden, daß für den Einstieg in die Tourismusbranche entsprechende Neigungen vorhanden sein müssen, da davon der Erfolg dieser Maßnahme wesentlich abhängt.

Durch eine Verbesserung der Einkommenssituation der landwirtschaftlichen Betriebe wird der Agrarstrukturwandel tendenziell gebremst. Wie stark dieser Einfluß ist, hängt neben einzelbetrieblichen und agrarstrukturellen auch von außerlandwirtschaftlichen Faktoren, wie z.B. dem Arbeitsplatzangebot, ab.
Die zukünftige Entwicklung des WVM ist in Richtung einer Service- und Vermittlungsagentur geplant. Auch sollen Aus- und Weiterbildungsprogramme angeboten werden. Weitere Überlegungen zielen auf die Bereiche Solarenergie, kommunale Entsorgung, Kompostierung und Recycling. Hierbei ist eine weitere Verstärkung des ganzheitlichen Ansatzes zu erkennen.

7 Beispiele für die Honorierung von Umweltleistungen auf einzelbetrieblicher Ebene

Nach der Beschreibung und Analyse bestehender Förderprogramme und Umsetzungsmodelle soll im folgenden Kapitel anhand von zwei existenten Betrieben kurz dargestellt werden, welchen Umfang zum gegenwärtigen Zeitpunkt die Honorierung ökologischer Leistungen auf der einzelbetrieblichen Ebene bereits annehmen kann. Dazu sollen zwei grundsätzlich verschiedene Betriebe betrachtet werden, wobei beim ersten die Förderprogramme nur relativ geringfügig zum Einkommen beitragen, beim zweiten dagegen der überwiegende Teil des Gewinnes aus verschiedenen Fördermaßnahmen resultiert. Die Beispielsbetriebe stehen somit für die im Zusammenhang mit ökologischen Leistungen grundsätzlich zu unterscheidenden Betriebstypen. Während der erstere aufgrund seiner relativ hohen Bewirtschaftungsintensität aus wirtschaftlichen Überlegungen nur in begrenztem Umfang an Extensivierungsprogrammen teilnehmen kann, ist beim zweiten Betrieb die Förderung absolut notwendig, um ein ausreichendes Einkommen zu erreichen.

7.1 Beispielsbetrieb 1: Vollerwerbsbetrieb mit Milchviehhaltung

Beim Beispielsbetrieb 1 handelt es sich um einen Vollerwerbsbetrieb mit Milchviehhaltung auf einem Standort mit mittlerer Ertragsfähigkeit. Das Milchkontingent von 225.000 kg wird mit fünfzig Kühen ermolken (vgl. Übersicht 6). Von den 69 ha genutzter Fläche werden ungefähr 47 ha als Grünland genutzt, der Ackerbau spielt eine untergeordnete Rolle und dient in erster Linie der Kraftfutterversorgung des Viehbestandes. Die Weidehaltung beschränkt sich auf das Jungvieh, für die Milchkühe wird im Sommerhalbjahr täglich Grünfutter geholt. Als Winterfutter werden Grassilage, Heu und Maissilage bereitet. Von den 22 ha Acker werden 7 ha mit Silomais und Kleegras ebenfalls für die Futterproduktion benötigt.

Am Bayerischen Kulturlandschaftsprogramm nimmt der Betrieb mit 6 ha Wiesen (Schnittzeitpunkt 15.06., keine mineralische N-Düngung) und ca. 11 ha Acker (Einhaltung einer bestimmten Fruchtfolge) sowie im Rahmen der Streuobstbaumförderung teil.

Zur Beschreibung der Zusammenhänge ist zunächst das Betriebseinkommen ohne jegliche staatliche Transferzahlung aufgeführt. Im nächsten Schritt werden die im Zuge der Agrarreform als Ausgleich für Preissenkungen eingeführten Flächenprämien sowie die Ausgleichszulage addiert und so das Betriebseinkommen II ermittelt. Schließlich sind noch die Förderprogramme, die ökologische Leistungen honorieren sollen, zu berücksichtigen, um auf das Betriebseinkommen III zu kommen.

In der Frage, ob die Ausgleichszulage, die ursprünglich als Kompensation für benachteiligte Gebiete konzipiert war, eine Honorierung ökologischer Leistungen darstellt, kann man geteilter Meinung sein. Die Fördergelder werden in diesem Programm relativ unspezifisch, zumeist ohne besondere ökologische Gegenleistungen, vergeben. Grundsätzlich ist es gerechtfertigt, sie als Honorierung zu betrachten, wenn dadurch ein Beitrag zum Erhalt einer ökologisch erwünschten Wirtschaftsweise, die ohne Unterstützung aufgegeben würde, geleistet wird. Im vorliegenden Fall erscheint es eher gerechtfertigt, sie zu den Agrarmarktförderungen zu zählen, da der Beispielsbetrieb auch ohne die Ausgleichszulage ein noch ausreichendes Einkommen erwirtschaften könnte. Vorausgreifend kann an dieser Stelle bereits erwähnt werden, daß sich im Beispielsbetrieb 2 diesbezüglich ein anderes Bild ergeben wird.

In Übersicht 6 sind die derzeitige ökonomische Situation (bei Teilnahme an Honorierungsprogrammen, rechter Teil) und eine Variante, bei der der Betrieb auf das Kulturlandschaftsprogramm verzichten würde, vergleichend dargestellt. Das Betriebseinkommen liegt im Fall mit Teilnahme am Kulturlandschaftsprogramm bei ca. 107.000 DM ohne Berücksichtigung der Förderprogramme. Auf die Agrarmarktförderungen (inklusive Ausgleichszulage) entfällt eine Summe von ca. 29.000 DM, so daß sich ein Betriebseinkommen II von 136.000 DM ergibt. Die Honorierung im Rahmen des Kulturlandschaftsprogrammes trägt mit ca. 8.000 DM bei, so daß letztlich ein Betriebseinkommen III von 144.000 DM resultiert.

Würde der Beispielsbetrieb auf das Kulturlandschaftsprogramm verzichten oder würde dieses Förderinstrument nicht mehr angeboten, so wären einige kleinere Veränderungen in den Einzeldeckungsbeiträgen zu erwarten. So würde eine geringfügige Stickstoffdüngung bei der Position "Wiese Heu II" den Nährstoffertrag etwas höher ausfallen lassen. Aufgrund des frei wählbaren Schnittzeitpunktes dürfte im Durchschnitt der Jahre auch ein qualitativ besseres Futter geerntet werden, was wiederum eine steigende Milchleistung bedingen könnte. Als Folge davon könnte man damit kalkulieren, daß zur Erzeugung des vorhandenen Milchkontingentes eine Kuh weniger nötig wäre. Der freiwerdende Stallplatz könnte zur Aufzucht einer weiteren Kalbin genutzt werden, so daß sich insgesamt für die Position "Milchkuh mit Nachzucht" ein etwas höherer Deckungsbeitrag ergeben würde. Demgegenüber wären auch die Kosten je Hektar Heuerzeugung bei Position "Wiese II" höher.

Eine weitere Konsequenz aus dem Verlust der Förderung aus dem Kulturlandschaftsprogramm wäre im Beispielsbetrieb der Verzicht auf den Anbau von Kleegras. Stattdessen würde der Silomaisanbau eine Ausdehnung erfahren, weil dieses Verfahren im Zuge der Agrarmarktförderung bevorzugt behandelt wird und auch hinsichtlich des Nährstoffertrages und der Arbeitswirtschaft größere Vorteile aufweist.

Übersicht 6: Ökonomische Kenndaten des Beispielsbetriebes 1 ohne und mit Honorierung ökologischer Leistungen

Prozeß	Ohne Honorierung			Mit Honorierung		
	Einheiten	Deckungsbeitrag		Einheiten	Deckungsbeitrag	
	(St.; ha)	(DM/E.)	(DM ges.)	(St.; ha)	(DM/E.)	(DM ges.)
Milchkuh m. Nachzucht	49	3.787	185.563	50	3.685	184.250
Weide	7,14	- 300	- 2.142	7	- 300	- 2.100
Wiese Grünfütterung	9,90	- 330	- 3.267	10	- 330	- 3.300
Wiese Silage	20	- 370	- 7.400	20	- 370	- 7.400
Wiese Heu I	4	- 500	- 2.000	4	- 500	- 2.000
Wiese Heu II	6	- 200	- 1.200	6	- 170	- 1.020
Kleegras	0	- 500	0	3,75	- 500	- 1.875
Silomais	5,46	- 1.000	- 5.460	3,50	- 1.000	- 3.500
Raps Zwischenfrucht	3,00	- 300	- 900	3,50	- 300	-1.050
Winterweizen	0	450	0	3,50	450	1.575
Winterroggen	5,50	500	2.750	3,75	500	1.875
Hafer	5,50	600	3.300	3,75	600	2.250
Flächenstillegung	5,50	- 150	- 825	3,75	- 150	- 563
Gesamtdeckungsbeitrag			168.419			167.142
- Festkosten			60.000			60.000
= Betriebseinkommen I			108.419			107.142
+ Agrarmarktförderungen						
Preisausgleich Maisanbau			4.352			2.790
Preisausgleich Getreideanbau			6.446			6.446
Flächenstillegungsprämie			4.142			2.824
Ausgleichszulage			17.160			17.160
= Betriebseinkommen II			140.519			136.362
+ Honorierung ökologischer Leistungen						
Kulturlandschaftsprogramm Grünland			0			2.400
Kulturlandschaftsprogramm Acker			0			4.500
Kulturlandschaftsprogramm Streuobstbau			0			960
= Betriebseinkommen III			140.519			144.222
Arbeitsverwertung (Betriebseinkommen/Arbeitskraftstunden)						
Betriebseinkommen I/AKh (DM)			19,0			18,5
Betriebseinkommen II/AKh (DM)			24,6			23,5
Betriebseinkommen III/AKh (DM)			24,6			24,9

Quelle: eigene Berechnungen

Da einerseits der ausgedehnte Silomaisanbau und die etwas intensivierte Grünlandnutzung den Nährstoffertrag je Flächeneinheit höher werden läßt, andererseits in der Viehhaltung durch die geringere Kuhzahl im Betrieb insgesamt weniger Nährstoffe benötigt werden, könnte die Flächenstillegung zulasten der Futtererzeugung verstärkt werden. Im Gesamtdeckungsbeitrag wirkt sich dies zunächst nicht positiv aus. Der Vorteil wird erst sichtbar, wenn die zusätzlich erzielbaren Einnahmen im Rahmen der Agrarmarktförderung einbezogen werden. Es ergibt sich ein Betriebseinkommen II von ca. 140.500 DM, das um etwa 4.000 DM höher liegt als in der Situation mit Teilnahme am Kulturlandschaftsprogramm. Allerdings ist diese Summe identisch mit dem Betriebseinkommen III, da keine Zahlungen über die Honorierung ökologischer Leistungen mehr zu erwarten sind. Dadurch fehlen dem Beispielsbetrieb im Vergleich zur Situation mit Teilnahme am Kulturlandschaftsprogramm unter dem Strich gesehen ungefähr 4.000 DM.

Das gleiche Bild ergibt sich, wenn man die beiden Varianten hinsichtlich der erzielbaren Arbeitszeitverwertung betrachtet. Während ohne Förderungen die Variante mit Kulturlandschaftsprogramm schlechter abschneidet (18,5 DM/AKh zu 19 DM/AKh), kehrt sich das Bild beim Betriebseinkommen II um (24,5 DM/AKh zu 23,5 DM/AKh). Während die erste Variante aber im Betriebseinkommen III bei 24,5 DM/AKh verbleibt, kommen durch das Kulturlandschaftsprogramm bei der zweiten Variante nochmals 1,4 DM/AKh hinzu, so daß sie schließlich ökonomisch nur unwesentlich überlegen ist.

7.2 Beispielsbetrieb 2: Vollerwerbsbetrieb mit Wanderschafhaltung

Beim Beispielsbetrieb 2 handelt es sich ebenfalls um einen Vollerwerbsbetrieb, allerdings mit dem flächenextensiven Betriebszweig der Wanderschafhaltung (vgl. Übersicht 7). Für die Versorgung der 400 Mutterschafe stehen eine Sommerweidefläche von 160 ha auf den Hochflächen eines Mittelgebirges sowie Flächen zur Herbst- und Winterweide zur Verfügung. Bei einem Teil der Lämmer (Herbst- und Winterlämmer) wird eine Sauglämmerintensivmast ausschließlich im Stall durchgeführt, Frühjahrs- und Sommerlämmer werden auf der Weide gehalten und anschließend im Stall ausgemästet.

Im Beispielsbetrieb 2 ist ohne staatliche Transferzahlungen auf keinen Fall ein ausreichendes Einkommen zu erwirtschaften. Da die Wanderschafhaltung auf Hochflächen speziell im vorliegenden Fall zur Offenhaltung der Landschaft und zur Bewahrung der an die Nutzung gebundenen Artenvielfalt sehr erwünscht ist, stellt sich die Frage, ob nicht sämtliche agrarpolitischen Maßnahmen, also auch die Ausgleichszulage und die Mutterschafprämie, unter diesen Umständen als Honorierung ökologischer Leistungen zu betrachten wären. In Übersicht 7 wurde allerdings zur besseren Vergleichbarkeit mit Übersicht 6 die Unterscheidung in Agrarmarktförderungen und Honorierungsprogramme beibehalten.

Übersicht 7: Ökonomische Kenndaten des Beispielsbetriebes 2 ohne und mit Honorierung ökologischer Leistungen

Prozeß	Ohne Honorierung			Mit Honorierung		
	Einheiten	Deckungsbeitrag		Einheiten	Deckungsbeitrag	
	(St.; ha)	(DM/E.)	(DM ges.)	(St.; ha)	(DM/E.)	(DM ges.)
Mutterschaf	413	95	39.235	400	95	184.250
Sommerweide	160	- 20	- 3.200	160	- 20	- 3.200
Wiese Heu	8	- 820	- 6.560	8	- 790	- 6.320
Gesamtdeckungsbeitrag			29.475			28.480
- Festkosten			23.000			23.000
= Betriebseinkommen I			6.475			5.480
+ Agrarmarktförderungen						
Mutterschafprämie			22.715			22.000
Ausgleichszulage			17.160			17.160
= Betriebseinkommen II			46.350			44.640
+ Honorierung ökologischer Leistungen						
Kulturlandschaftsprogramm Grünland			0			3.200
= Betriebseinkommen III			46.350			47.840
Arbeitsverwertung (Betriebseinkommen/Arbeitskraftstunde)						
Betriebseinkommen I/AKh (DM)			1,7			1,5
Betriebseinkommen II/AKh (DM)			12,5			12,4
Betriebseinkommen III/AKh (DM)			12,5			13,3

Quelle: eigene Berechnungen

<Im Falle der Teilnahme am Kulturlandschaftsprogramm ergibt sich ein Betriebseinkommen I von nur 5.500 DM ohne Transferzahlungen. Der Betrieb erhält ca. 22.000 DM Mutterschafprämie, 17.000 DM Ausgleichszulage und 3.000 DM aus dem Kulturlandschaftsprogramm. Es resultiert somit ein Betriebseinkommen III von ca. 48.000 DM. Die Arbeitszeitverwertung liegt unter Einbeziehung der Transferzahlungen bei 13,3 DM/AKh. In der durchgeführten Berechnung wird die starke Bedeutung flächen- oder tiergebundener Finanzhilfen bei flächen- oder arbeitsextensiven Produktionsverfahren besonders gut erkennbar.

Würde der Betrieb nicht am Kulturlandschaftsprogramm teilnehmen, so wären die Folgen ähnlich wie bei Beispielsbetrieb 1. Der höhere Nährstoffertrag ermöglicht es, 13 Mutterschafe mehr zu halten. Dadurch erhöht sich der Gesamtdeckungsbeitrag und die Mutterschafprämie, durch den Verlust der Prämie aus dem Kulturlandschaftsprogramm stünde der Betrieb letzendlich aber schlechter da als wenn er an diesem Programm teilnimmt.

Die wesentlich Erkenntnis aus der Analyse des Beispielsbetriebes 2 liegt in der Tatsache, daß im Prinzip sämtliche Maßnahmen zur Einkommensverbesserung als "Honorierung ökologischer Leistungen" anzusehen sind, da erst sie eine Aufrechterhaltung der Bewirtschaftung ermöglichen.

8 Zusammenfassung und Schlußfolgerungen

8.1 Zusammenfassung der Analyseergebnisse

Die Honorierung von Umweltleistungen der Landwirtschaft wird seit einigen Jahren kontrovers diskutiert. Die gegensätzlichen Standpunkte reichen von einer Befürwortung der Honorierung mindestens in Höhe entstehender Einkommensnachteile bis zur Ablehnung von Ausgleichszahlungen. Nach AHRENS 1992 werden von einem Landwirt Umweltleistungen erbracht, wenn er die betriebswirtschaftlich optimale Nutzung, soweit sie als "ordnungsgemäß" eingestuft werden kann, einschränkt und dadurch zur Realisierung von Schutzzielen beiträgt.

Die Problematik einer Honorierung von Umweltleistungen besteht darin, daß Umweltgüter Kollektivgutcharakter aufweisen, so daß potentielle Nutznießer aufgrund der freien Zugänglichkeit, eines scheinbar unbegrenzten Angebots

und dem Fehlen von Preisen keinen finanziellen Beitrag zur Umweltgüterbereitstellung leisten brauchen. Der fehlende Markt hat auch Probleme bei der monetären Bewertung der Umweltgüter zur Folge.
Weitere Schwierigkeiten treten bei den Umweltgütern im Zusammenhang mit der Kollektivgutproblematik dadurch auf, daß private und gesamtgesellschaftliche Nutzenwerte nicht übereinstimmen. Die Internalisierung von dabei z.B. entstehenden positiven externen Effekten könnte durch Ausgleichszahlungen an den "Verursacher" erfolgen. Von COASE wird das Problem der externen Effekte als reziproke Erscheinung aufgrund der Nutzungskonkurrenz in bezug auf bestimmte Güter beschrieben. Diese Situation könne aber im Rahmen von möglichen privaten Verhandlungen gelöst werden, wobei sich immer die volkswirtschaftlich effizienteste Nutzung unter der Voraussetzung der vorherigen Zuteilung der Verfügungsrechte über die Umweltressource ergeben wird. Unter Umständen gehen dabei auch die Verfügungsrechte von einem auf den anderen Nutzer über. Übertragen auf die Landwirtschaft, müßte es im Falle des Vorliegens positiver externer Effekte idealerweise möglich sein, daß in Verhandlungen mit den Nutzungskonkurrenten ein finanzieller Ausgleich in Höhe der externen Grenzkosten ausgehandelt wird.
In der Realität kommen derartige Verhandlungslösungen jedoch selten zustande, so daß der Staat für einen Ausgleich sorgen muß. Die Umwelt- und Naturschutzpolitik sieht sich dann vor zwei Entscheidungssituationen gestellt. Diejenigen, die die Naturgüter wirtschaftlich nutzen wollen, können je nach Verteilung der Verfügungsrechte entweder

1. für ihr natur- und landschaftsschädigendes Verhalten "bestraft" werden, oder
2. für den teilweisen Verzicht auf diese Rechte "belohnt" werden.

Die Anwendung des Verursacherprinzips (Fall 1) würde zu einer Internalisierung der sozialen Zusatzkosten führen. Das Abweichen davon ist mit verschiedenen Argumenten zu begründen, z.B. wenn eine Marktsubstitution (Umlage der höheren Kosten auf die nächste Stufe) wie bei den Märkten für EU-Agrarerzeugnisse nicht möglich ist und den Landwirten dabei unzumutbare Härten aufgebürdet würden. Unter solchen Umständen kann es zur Anwendung des Gemeinlastprinzips (Fall 2) kommen. Dabei werden die Kosten des Ressourcenschutzes vom Staat oder schutzinteressierten Gruppen übernommen. Im Sinne der Subsidiarität wäre eine direkte, auch finanzielle,

Beteiligung der von den Maßnahmen profitierenden Bevölkerung (nach dem Nutznießerprinzip als Sonderform des Gemeinlastprinzips) wünschenswert.
Auch bezüglich der rechtlichen Aspekte der Honorierung von Umweltleistungen der Landwirtschaft existieren unterschiedliche Meinungen. Einerseits gibt es Beispiele aus der Rechtsprechung (z.B. "Naßauskiesungsurteil"), die den Grundsatz der "Sozialpflichtigkeit des Eigentums" bestätigen, woraus sich Entlohnungen für ökologische Leistungen der Landwirtschaft nur schwerlich ableiten lassen, da den Landwirten auch keine uneingeschränkten Verfügungsrechte zugewiesen sind. Andererseits geht die Gesetzgebung bei den Novellen zum WHG und zum BNatSchG von der Honorierungswürdigkeit auflagenbedingter Nachteile aus.
Bei den Effekten einer Honorierung von Umweltleistungen der Landwirtschaft ist auf betrieblicher, sektoraler, regionaler und gesamtgesellschaftlicher Ebene sowie im ökologischen Bereich zu fragen. Zu den betrieblichen Wirkungen ist festzustellen, daß Landwirte an entsprechenden Umwelt- und Naturschutzprogrammen unter der Voraussetzung der Freiwilligkeit nur teilnehmen, wenn ein genügend großer finanzieller Anreiz dafür besteht, d.h., es müssen zumindest eventuell entstehende Einkommenseinbußen bzw. Kosten entgolten werden. Bei der gegenwärtigen Ausgestaltung der Förderprogramme mit landesweiten Festbeträgen für bestimmte Auflagen werden diese Bedingungen vor allem bei Betrieben in Ungunstlagen erfüllt bzw. wenn Betriebe bereits relativ umweltschonend wirtschaften. Dabei kann es zu mehr oder weniger großen Mitnahmeeffekten und einer Erhöhung der Bodenrente kommen. Dagegen besteht bei Betrieben in Gunstlagen oder bei intensiv wirtschaftenden Betrieben wenig Interesse an einer Teilnahme, weil die ökonomischen Nachteile nicht ausgeglichen werden. In diesem Zusammenhang kommt der einzelbetrieblichen Anpassungsfähigkeit eine große Bedeutung zu. Gezielte Änderungen in der Betriebsorganisation zur Erreichung der Programmvoraussetzungen werden eher selten vorgenommen, dagegen werden die Fördermöglichkeiten häufiger wahrgenommen, wenn eine betriebliche Veränderung (z.B. im Zuge des Generationswechsels) bevorsteht.
Mögliche sektorale Wirkungen hängen davon ab, wie hoch die bereitgestellte Gesamtsumme ist und nach welchen Kriterien die Auszahlung erfolgt. Bei der gegenwärtigen Ausgestaltung der meisten Förderprogramme sind in Gunstlagen die Auswirkungen auf den Sektor Landwirtschaft aufgrund der relativ geringen Akzeptanz als unbedeutend einzuschätzen. Man müßte zur Erhöhung der Teilnahmequote die Förderbeträge anheben. Dagegen eröffnen

sich in den Ungunstlagen für einen Teil der Betriebe neue Einkommensmöglichkeiten. Zumindest in der Tendenz ist mit einer Hinwendung zu mehr extensiven Produktionsverfahren zu rechnen. Es ist aber auch möglich, daß das Angebot von Transferzahlungen eine Allokation betrieblicher Ressourcen in Richtung extensiverer Produktionsverfahren (großflächig betriebene extensive Rinderhaltung) verhindert, da die traditionelle Bewirtschaftung der Flächen (z.B. Milchviehhaltung) aufrechterhalten wird.

In regionaler Hinsicht können Programme zur Honorierung externer Leistungen der Landwirtschaft v.a. in von Natur aus benachteiligten Gebieten zur Aufrechterhaltung der Landbewirtschaftung beitragen. Der damit verbundene Einkommenseffekt für die landwirtschaftlichen Betriebe kann weitere positive Entwicklungen für die regionale Wirtschaftskraft und regionale Siedlungsstruktur induzieren. Für den vorgelagerten Bereich der Landwirtschaft ist insgesamt aufgrund der Extensivierung eher mit einer Einschränkung der Absatzmöglichkeiten zu rechnen, wobei für die verschiedenen Branchen sicherlich unterschiedliche Wirkungen zu erwarten sind. Im nachgelagerten Bereich können sich u.U. durch die Vermarktung der extensiv erzeugten Produkte neue Verdienstmöglichkeiten erschließen. Ähnlich positive Wirkungen auf die Wirtschaftskraft der Region können sich auch durch eine Erhöhung der Attraktivität bestimmter Regionen ergeben, was u.a. für den Ausbau des Fremdenverkehrs von Nutzen sein kann. Die strukturerhaltenden Effekte im Bereich der Landwirtschaft sowie des vor- und nachgelagerten Bereiches der Landwirtschaft werden sich jedoch in Grenzen halten.

Der Einfluß umweltpolitischer Förderprogramme auf gesamtgesellschaftliche Ziele dürfte eher von untergeordneter Bedeutung sein. Bezüglich der Ziele "Mindestbesiedelungsdichte" und "Infrastrukturerhaltung" ist davon auszugehen, daß nur in wenigen Fällen die Entscheidung für einen Standort von dem Angebot an Förderprogrammen abhängig gemacht wird, zumal auch der Anteil der Landwirtschaft an der Gesamtzahl der Erwerbstätigen immer geringer wird. Zur Vermeidung von unerwünschten Mitnahmeeffekten und um Einsparungen im Staatshaushalt zu erreichen, gilt es zwischen einer möglichst "gerechten" Entlohnung und der Erhaltung einer einfachen Umsetzbarkeit abzuwägen. Eine Verknüpfung von Einkommenspolitik mit Umwelt- und Naturschutzprogrammen ist vor diesem Hintergrund problematisch. Aus den Ergebnissen mehrerer Studien kann aber grundsätzlich gefolgert werden, daß für die Honorierung ökologischer Leistungen der Landwirtschaft in der Bevölkerung die Bereitschaft besteht, einen mehr oder

weniger großen finanziellen Beitrag zu leisten.
Bei der Beurteilung der ökologischen Wirkungen muß unterschieden werden, ob es sich um Gunst- oder Ungunstlagen handelt, ob es um die Honorierung bestehender Wirtschaftsweisen oder um die Induzierung von Veränderungen geht und welcher Bereich des Ressourcenschutzes betroffen ist. Eine Verbesserung der Situation im biotischen Bereich ist in Gunstlagen oftmals nur mit einer umfangreichen Extensivierung zu erreichen. Demgegenüber sind entsprechende Maßnahmen (z.B. Förderung der Beibehaltung bestehender Nutzungen) in Ungunstlagen erfolgversprechender. Zudem ist der Finanzbedarf in diesen Regionen geringer, so daß die ökologisch-ökonomische Effizienz von Honorierungssystemen dort höher ist. Daraus ist zu schließen, daß durch eine größere regionale Differenzierung der ökologischen Maßnahmen eine bessere Effizienz zu erzielen wäre.
Die Konzepte zur Honorierung von Umweltleistungen der Landwirtschaft können anhand einiger Merkmale gegliedert werden. Bezüglich des Ansatzpunktes und der Messung werden handlungsorientierte von ergebnisorientierten Ansätzen unterschieden. Die handlungsorientierten Ansätze zeichnen sich dadurch aus, daß das Feststellen und die Kontrolle erbrachter Leistungen in Form der Handlung relativ einfach ist. Zu den Nachteilen dieses Ansatzes zählt, daß der ökologische Effekt bei den ökonomischen Überlegungen eine untergeordnete Rolle spielt und kein großer Anreiz für die Entwicklung neuer Verfahren zur Verbesserung der Zielerreichung besteht. Dagegen ist bei einem ergebnisorientierten Ansatz eine bessere ökologisch-ökonomische Effizienz zu erwarten, da die Prämie für die erbrachte Leistung direkt proportional zum Ergebnis ist. Dies dürfte auch für die Akzeptanz in der nicht-landwirtschaftlichen Bevölkerung von Vorteil sein. Hinsichtlich der Praktikabilität und Akzeptanz bei den Landwirten (höheres Risiko) sind jedoch einige Abstriche zu machen. An die Indikatoren zur Messung der ökologischen Leistungen werden hohe Anforderungen gestellt, die schwierig zu erfüllen sind.
Eine objektive monetäre Bewertung ökologischer Leistungen ist generell schwierig. Grundsätzlich können kostenorientierte von nachfrageorientierten Ansätzen unterschieden werden. Bei der kostenorientierten Bewertung sollen die tatsächlich Kosten entgolten werden, wodurch Mitnahmeeffekte weitgehend vermieden würden (Bsp. Gunstlagen - Ungunstlagen). Dabei steht man in der praktischen Umsetzung jedoch vor einer nahezu unlösbaren Aufgabe. Bei einem nachfrageorientierten Ansatz ergeben sich Probleme im Bewer-

tungsprozeß und bezüglich hoher Mitnahmeeffekte.
Im Zusammenhang mit der Festlegung der Höhe der Entlohnung werden Festbetragslösungen und Ausschreibungsverfahren diskutiert. Bei beiden Verfahren könnten durch die Bildung weitgehend homogener Gruppen mit entsprechender Staffelung der Förderbeträge die Mitnahmeeffekte relativ gering gehalten werden. Letzteres entspricht in der Tendenz eher marktwirtschaftlichen Prinzipien.
Bezüglich der Zielbildung werden Ansätze mit exogener Zielvorgabe von solchen mit endogener Zielentwicklung unterschieden. Eine endogene Zielentwicklung ermöglicht im Gegensatz zu einer exogenen Zielvorgabe die direkte Beteiligung der Bevölkerung vor Ort an der Planung sowie der Durchführung der Maßnahmen und hat auch Vorteile bei der Kontrolle der Umsetzung.
Nach den erwähnten Grundprinzipien können bestehende und geplante Modelle bzw. Programme zur Honorierung externer Leistungen der Landwirtschaft eingeteilt werden (vgl. Übersicht 8).
Im Bayerischen Kulturlandschaftsprogramm werden ökologische Leistungen der Landwirtschaft weitgehend mit Festbeträgen handlungs- und kostenorientiert gefördert. Die ökologischen Zielsetzungen sind über das ganze Land annähernd identisch gewählt. Zu kritisieren ist somit die geringe Anpassungsfähigkeit an die spezifischen Situationen, die sich v.a. in relativ hohen Mitnahmeeffekten und einer geringen ökologisch-ökonomischen Effizienz niederschlägt. Als guter, neuartiger Ansatz ist die Förderung von Maßnahmen für agrarökologische Zwecke im Rahmen eines "fachlichen Konzeptes" (z.B. auf lokaler Ebene) zu nennen.
Das Ökopunktemodell nach Knauer enthält zumeist ergebnisorientierte Elemente und nimmt eine Mittelstellung zwischen kosten- und nachfrageorientierten Ansätzen ein, die Ziele sind exogen vorgegeben. Die ökologisch-ökonomische Effizienz dürfte durch die Ausgestaltung höher sein, und Mitnahmeeffekte dürften sich vermindern lassen. Eingeschränkt wird diese Beurteilung durch Probleme bei einer zielgerichteten Ökopunktebewertung und den Akzeptanzschwierigkeiten, die bei den Landwirten durch ein erhöhtes Risiko zu erwarten sind.

Übersicht 8: Kategorisierung bestehender Programme und geplanter Modelle bezüglich Ansatzpunkt/Meßbarkeit, Bewertung und Zielbildung

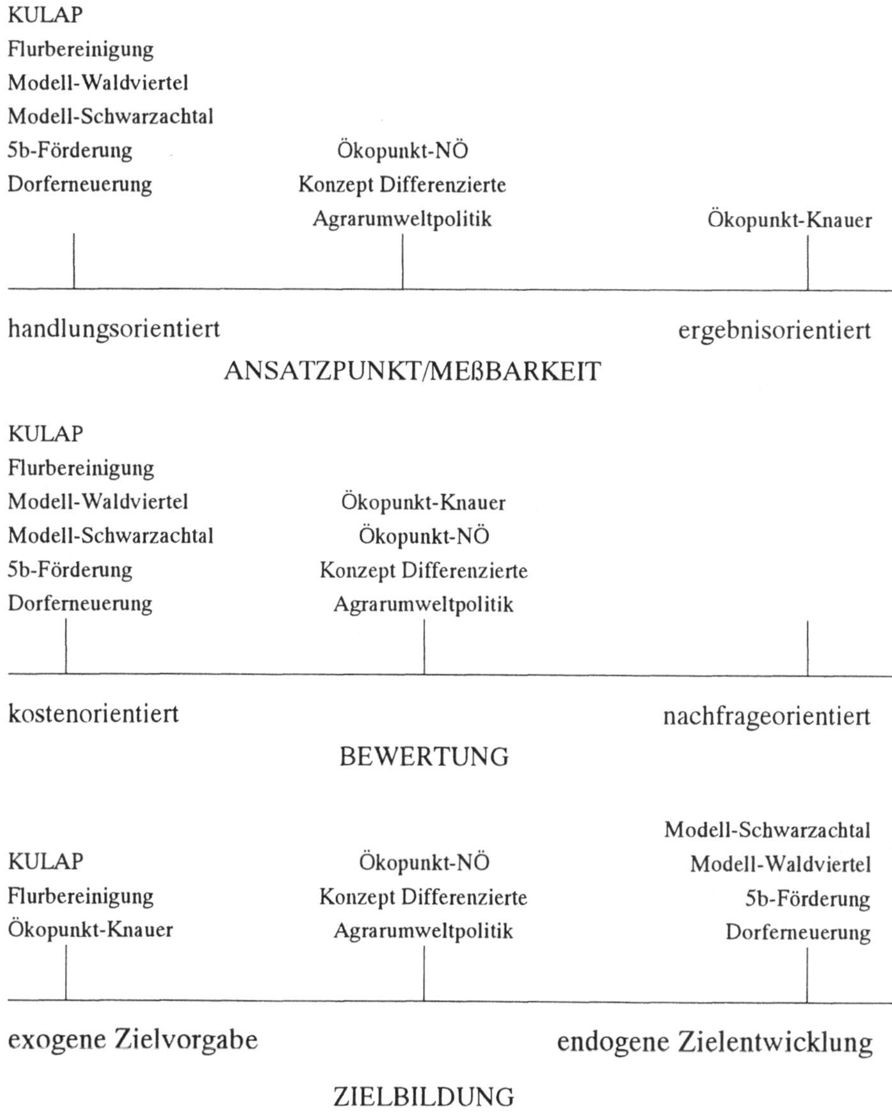

Quelle: eigene Darstellung

Das Ökopunktemodell der Niederösterreichischen Agrarbezirksbehörde nimmt bezüglich der gewählten Kriterien eine Mittelstellung ein. Es finden sich sowohl handlungs- als auch ergebnisorientierte Bestandteile. Die Zielbildung kann teils als exogen, teils als endogen bezeichnet werden. Die Honorierung erfolgt nachfrageorientiert. Hervorzuheben ist einerseits die starke Differenzierung der Förderbeträge nach dem Grad der ökonomischen Einbußen der Maßnahme, andererseits die Gleichbehandlung von Gunst- und Ungunstlagen und dadurch bedingt hohe Mitnahmeeffekte in den Ungunstlagen. Die Verlagerung der Entscheidungsbefugnis über die Durchführung des Konzepts auf lokale Institutionen dürfte hohe Transaktionskosten (Vertragsvereinbarungen, Kontrolle) vermeiden helfen.

Auch das "Konzept einer differenzierten Agrarumweltpolitik" stellt die Kombination einiger Merkmale dar. Es hat handlungs- und ergebnisorientierte Inhalte sowie eine exogene Zielvorgabe, aber auch eine endogene Zielbildung ist in einem Teilbereich möglich. Bei der Honorierung ökologischer Maßnahmen ist eine kostenorientierte Vorgehensweise vorherrschend. Durch Staffelung der Förderbeträge sollen Mitnahmeeffekte vermindert werden, wobei eine standortunterschiedliche Entlohnung spezifischer Maßnahmen zu einer relativ hohen ökologisch-ökonomischen Effizienz beitragen könnte.

Das Dorferneuerungsprogramm und die Flurbereinigung sowie die 5b-Förderung haben eine etwas andere Ausrichtung. Die Hauptziele liegen im Bereich der ländlichen Entwicklung, die Förderung ökologischer Leistungen ist eher ein Nebenaspekt. Die Projektförderung erfolgt kostenorientiert. Die Beteiligung der Bevölkerung bzw. der Landwirte ist bei der Projektentwicklung vorgesehen. Daraus ergeben sich die Wirkungen eines endogenen Ansatzes.

Ähnlich sind die Regionalprojekte "Agrar-Umweltkonzept Schwarzachtal" und "Waldviertelmanagement" angelegt. Ein Grundprinzip ist die Beteiligung der Bevölkerung vor Ort. Zur Finanzierung der einzelnen Projekte soll auf bestehende Umwelt- und Naturschutzprogramme (z.B. KULAP, etc.) sowie Investitionsprogramme zurückgegriffen werden, so daß bei den untersuchten Kriterien ähnliche Wirkungen zu erwarten sind wie bei diesen Programmen.

Den möglichen Umfang der Honorierung ökologischer Leistungen unter den gegenwärtigen Rahmenbedingungen zeigt das Beispiel zweier Betriebe in Mittelgebirgslage. Ein relativ intensiv wirtschaftender Milchviehbetrieb kann durch die Teilnahme am Kulturlandschaftsprogramm nur eine vergleichsweise geringe Einkommenssteigerung erreichen. Auch die Maßnahmen zur

Agrarmarktförderung spielen bei diesem Betrieb bei weitem nicht die große Rolle wie beim Beispielsbetrieb 2, einem Betrieb mit Wanderschafhaltung auf Hochflächen. Letzterer könnte ohne staatliche Transferzahlungen nahezu kein positives Betriebseinkommen erwirtschaften. Unter diesem Gesichtspunkt sind im Prinzip sämtliche Maßnahmen zur Einkommensverbesserung als "Honorierung ökologischer Leistungen" anzusehen.

8.2 Vorschlag für ein Konzept zur Honorierung externer bzw. ökologischer Leistungen der Landwirtschaft

In den vorangegangenen Kapiteln wurden verschiedene Aspekte untersucht, die für eine Honorierung ökologischer Leistungen der Landwirtschaft von Bedeutung sind. Die gesellschaftspolitischen und rechtlichen Aspekte, generelle Wirkungen einer Honorierung dieser Leistungen und spezielle Zusammenhänge bei verschiedenen Konzeptansätzen wurden dabei abgehandelt. Letztere wurden durch die Beurteilung einiger bestehender oder geplanter Konzeptrealisierungen verdeutlicht. Aus diesen Ausführungen sollen nun Schlüsse für die Entwicklung eines praktikablen Konzeptes zur Honorierung ökologischer Leistungen gezogen werden.
Ein solches Konzept sollte soweit möglich positive Wirkungen der genannten Ansätze nutzen und unerwünschte negative Wirkungen vermeiden. Der folgende Anforderungskatalog könnte als Grundlage für die Entwicklung eines Vorschlages dienen. Ein "ideales" Konzept zur Honorierung ökologischer Leistungen sollte möglichst folgende Anforderungen erfüllen:

- Möglichkeit der Abgrenzung ökologischer Leistungen nach der Definition in Kapitel 2;
- logischer Aufbau und gute Umsetzbarkeit im Rahmen eines Gesamtkonzeptes zur Agrarpolitik;
- weitestgehend Einhaltung marktwirtschaftlicher Prinzipien;
- Vermeidung unerwünschter intra- und intersektoraler Umverteilungen und relativ geringe Beeinflußung des landwirtschaftlichen Strukturwandels, sofern ökologische Ziele dadurch nicht negativ berührt werden;
- kein Ausschluß des technischen Fortschritts;

- regionale Differenzierung durch Berücksichtigung gebietstypischer Besonderheiten und von Aspekten der Regionalentwicklung;
- genügend großer finanzieller Anreiz für die Landwirte zur Erreichung einer hohen Teilnahmequote bei gleichzeitig möglichst geringen Mitnahmeeffekten;
- Möglichkeit der Berücksichtigung betriebsindividueller Unterschiede.

Der nun folgende Vorschlag für ein Konzept zur Honorierung von Umweltleistungen der Landwirtschaft dürfte die genannten Anforderungen weitgehend erfüllen. Zentrales Merkmal eines solchen Konzeptes wäre die Verlagerung der Entscheidung über die Definition ökologischer Leistungen und ihrer Honorierung auf regionale Institutionen. Dies könnten z.B. Verbände oder auch "Erzeugergemeinschaften" für Umweltleistungen (bestehend aus Landwirten, Kommunen, Naturschutz- und Landschaftspflegeverbänden sowie sonstige Interessengemeinschaften) auf regionaler Ebene sein.
Die Honorierung ökologischer Leistungen der Landwirtschaft könnte auch im Rahmen regionaler Entwicklungsprojekte erfolgen. Bei deren Förderung würde es den jeweiligen regionalen Institutionen obliegen, für einen begrenzten Raum (Gemeinde, Kreis, Landschaftsraum) eine regionale Identität und darauf basierend ein Entwicklungskonzept unter Einbeziehung des landwirtschaftlichen Sektors, aber auch der übrigen in der Region vertretenen Wirtschaftsbereiche, zu erarbeiten. Dabei wäre es im Gegensatz zu einer Situation, bei der die Entwicklungsziele zentral vorgegeben sind, möglich, aus den spezifischen Voraussetzungen des Raumes heraus ein Konzept zu bilden, das regionalen Besonderheiten Rechnung trägt. Entscheidungen darüber sollten auch vor Ort getroffen werden. Nach Vorlage eines Projektantrages, der unter naturschutzfachlicher Betreuung erstellt werden sollte, würde dann über die Förderungswürdigkeit des Vorhabens - möglicherweise unter Berücksichtigung gutachterlicher Stellungnahmen - entschieden. Die Förderungsmittel würden der regionalen Institution von übergeordneter Ebene (EU, Bund, Land) zugewiesen. Im Zuständigkeitsbereich der regionalen Institution läge es auch, konkrete Verträge zur Erbringung ökologischer Leistungen mit den beteiligten Landwirten abzuschließen.
Abstand genommen werden sollte von der zentralen (z.B. landesweiten) Festlegung der Honorierungsbeträge. Die Mittel könnten entweder tatsächlich kostenorientiert als Flächenprämien auf der Basis gezielter Verhandlun-

gen oder noch besser in Form eines Ausschreibungsverfahrens verteilt werden, um unnötig hohe Mitnahmeeffekte zu vermeiden. Ersteres birgt jedoch die Gefahr der mangelnden Transparenz in sich. Bei der Durchführung eines Ausschreibungsverfahrens kommen marktwirtschaftliche Prinzipien zur Anwendung. Durch das Zusammentreffen der gesellschaftlichen Nachfrage nach ökologischen Leistungen (z.B. in Form eines in einer abgegrenzten Region für eine bestimmte Leistung gewährten Finanzvolumens oder einer festgelegten Gesamtfläche) und dem Angebot der Landwirte, die untereinander im Wettbewerb stehen, bildet sich ein Marktpreis.

Bei der beschriebenen Vorgehensweise mit Ausschreibungsverfahren wird es in der Regel nicht möglich sein, gleiche Leistungen unterschiedlich nach den abgegebenen Angeboten zu honorieren. Der Grund dafür liegt darin, daß die entsprechende Leistung nicht nur von einem Vertragspartner, sondern von mehreren erbracht werden soll, zumeist auf eigenen bzw. selbstbewirtschafteten Flächen. Dies stellt einen wesentlichen Unterschied dar zu den meisten der bisher stattfindenden öffentlichen Ausschreibungen (z.B. im Straßenbau oder auch bei bestimmten Landschaftspflegemaßnahmen). Im zeitlichen Ablauf würde es deshalb bei entsprechender Markttransparenz zu einer Annäherung der Angebote in Höhe des Preisniveaus des Grenzanbieters (= der "teuerste" Anbieter, mit dessen Angebotsrealisierung die Mittelsumme ausgeschöpft bzw. eine vorgesehene Fläche erreicht würde) kommen.

Vermutlich wäre es praktikabler, von vorneherein die gleiche Summe für alle Betriebe zu gewähren, die unter dem Preis des Grenzanbieters geblieben sind. Unnötig hohe Mitnahmeeffekte wären in dieser Version dadurch zu vermeiden, daß verschiedene, möglichst homogene Gruppen gebildet werden. So könnten z.B. die Ausschreibungen regional enger abgegrenzt werden oder eine getrennte Durchführung nach Bodengüteklassen, jeweils mit einem bestimmten Finanzvolumen oder Flächenumfang für die einzelne Gruppe, erfolgen. Auch bei einem Ausschreibungsverfahren ist eine Staffelung nach bestimmten Kriterien als sinnvoll anzusehen.

Durch die beschriebene Vorgehensweise könnten Spielräume erhalten bleiben, den Landwirten einerseits einen genügend großen finanziellen Anreiz zu geben (Anpassung der Prämien, Veränderungen der Ausschreibungsbedingungen) und andererseits eine Zielerreichung weitestgehend sicherzustellen. In der Wahl der Maßnahmen könnte man flexibel bleiben und so auch den Landwirten die Teilnahme am technischen Fortschritt ermöglichen. Dazu muß nicht notwendigerweise zu einer ergebnisorientierten Honorierung

mit den bekannten Problemen übergegangen werden, bei bestimmten Ressourcen könnte sich dies aber zur Steigerung der ökologisch-ökonomischen Effizienz anbieten.
Neben einer regionalen Differenzierung der ökologischen Zielsetzungen müßten die Maßnahmen auch mit den Zielen der Regionalentwicklung abgestimmt werden. Maßnahmen, wie sie in der Dorferneuerung oder der 5b-Förderung enthalten sind, könnten auch im Rahmen von umfassenden Entwicklungskonzepten gefördert werden. Dabei könnten durch Einbeziehung und Entwicklung z.B. eines regionsspezifischen Marketingkonzeptes oder durch Beiträge von Touristen, Kurgästen etc. selbst finanzielle Mittel für die Honorierung ökologischer Leistungen bereitgestellt werden. Man muß sich jedoch im klaren darüber sein, daß diese Möglichkeiten nicht allen Regionen offenstehen, sondern nur solchen, die bereits ein gewisses "Attraktivitätspotential" aufweisen.
Die administrative Durchführbarkeit könnte speziell im Bereich der Kontrolle durch ein derartiges Konzept erleichtert werden, da von einer gewissen "lokalen Selbstkontrolle" ausgegangen werden kann. Die Nichteinhaltung der Bewirtschaftungsvereinbarungen ist aufgrund einer vorhandenen Sozialkontrolle eher unwahrscheinlich. Der Aufwand für das Abschließen der Bewirtschaftungsvereinbarungen und andere Transaktionskosten dürften insgesamt höher ausfallen als bei den bisher vorherrschenden landesweiten Programmen. Eine hohe ökologisch-ökonomische Effizienz ist insbesondere dann zu erwarten, wenn infolge der Nutzung des endogenen Potentials eine standortgerechte, effektive Entwicklung ökologischer Maßnahmen erreicht wird.
Zusammenfassend können als wichtigste Vorzüge des vorgelegten Konzeptes angeführt werden, daß wichtige Entscheidungsbefugnisse wieder auf untere Ebenen verlagert würden und die dort vorhandenen Kapazitäten an Kreativität und Initiative genutzt werden könnten. Von Vorteil wären sicher auch kürzere Entscheidungswege. Inwieweit die Aktivierung des endogenen Potentials tatsächlich gelingt, müßte die Umsetzung zeigen. Die Erfahrung mit bisherigen Projekten der Regionalentwicklung lehrt, daß eine intensive staatliche Unterstützung im Bereich der Beratung (Seminare, Schulungen) und des Projektmanagements unumgänglich ist. Der Person des Moderators bzw. Projektmanagers kommt eine überragende Bedeutung zu, wenn es um die Aktivierung der Bevölkerung vor Ort geht. Derartige Aufgaben werden schon gegenwärtig in relativ starkem Umfang von privaten Beratungsbüros

übernommen. Sofern eine gute Zusammenarbeit mit den staatlichen Behörden vor Ort, die gegenwärtig noch für die Durchführung und Überwachung konkreter Fördermaßnahmen zuständig sind, gewährleistet ist, scheint diese Aufgabenverteilung eine günstige Voraussetzung für den Erfolg von Projekten zu sein.
Problematisch könnte sich die Tatsache erweisen, daß eine grundlegende Änderung der derzeitigen Entscheidungsstrukturen und -befugnisse, hin zu einer direkten Beteiligung, kurzfristig schwierig zu erreichen sein dürfte. Deshalb würde der Vorschlag für eine gewisse Übergangszeit ein Modell nach dem Stufenkonzept ("Konzept einer differenzierten Agrarumweltpolitik") miteinschließen. Stufe 1 entspricht als Ausgangsniveau und Voraussetzung für die Gewährung einer Entlohnung von Umweltleistungen der "ordnungsgemäßen" Landwirtschaft. In Stufe 2 sind Maßnahmen enthalten, die ähnlich wie im KULAP erhöhte Anforderungen an den Ressourcenschutz (v.a. des abiotischen Ressourcenschutzes) fördern sollen. Dabei müßte über eine ertragsabhängige Staffelung der Flächenprämien zur Vermeidung hoher Mitnahmeeffekte vorgesehen werden. In Stufe 3 sollten dann im Rahmen von Regionalprojekten nach dem beschriebenen Konzept noch höhere Anforderungen, v.a. an den biotischen und ästhetischen Ressourcenschutz, erfüllt werden.
Im Laufe der Zeit wäre daran zu denken, daß parallel zur Umorganisation der Entscheidungsbefugnisse Maßnahmen aus Stufe 2 auf Stufe 3 verlagert würden. Desweiteren ist eine Anhebung der Anforderungen an eine "ordnungsgemäße" Landwirtschaft wahrscheinlich, so daß mit der Zeit Stufe 2 durch Stufe 1 und Stufe 3 vollständig ersetzt werden könnte und langfristig ein zweistufiges Konzept bestehen bleibt.
Als relativ kurzfristig in die Wege zu leitender Schritt bietet es sich an, von der Vielzahl der derzeit durchgeführten Projekte zur Regionalentwicklung eines beispielhaft herauszugreifen und unter wissenschaftlicher Begleitung die Umsetzung nach den oben beschriebenen Vorstellungen durchzuführen. Ziel dieses Pilotprojektes müßte es sein, Wege zu einer auf Dauer von der Gesellschaft getragenen, marktwirtschaftlichen Prinzipien entsprechenden Form der Honorierung externer Leistungen der Landwirtschaft zu finden. Nur wenn eine zufriedenstellende Effizienz der eingesetzten Mittel hinsichtlich der formulierten Ziele weitgehend sichergestellt ist, kann in der Gesellschaft auf lange Sicht ein breiter Konsens über die Notwendigkeit der Bereitstellung von Haushaltsmitteln erwartet werden.

Literatur

Ahrens, H. 1992:
Gesellschaftspolitische Aspekte der Honorierung von Umweltleistungen der Landwirtschaft. In: Untersuchung zur Definition und Quantifizierung von landschaftspflegerischen Leistungen der Landwirtschaft nach ökologischen und ökonomischen Kriterien. Materialienband 84 des BayStMLU. S.117-150. München.

Alvensleben, R. v. und H. Kretschmer 1992:
Bevölkerungspräferenzen für Landschaft in Ost und West. Markt und Meinung S.9; Agra-Europe 41/92.

Berg, E., Millendorfer, J. und W. Baaske 1991:
Quantifizierung der Umweltleistungen der bäuerlichen Landwirtschaft in Bayern ohne Sonderleistungen für Arten-, Natur- und Wasserschutz. Forschungsvorhaben im Auftrage des Bayerischen Staatsministerium für Ernährung, Landwirtschaft und Forsten, angefertigt von STUDIA (Studiengruppe für Internationale Analysen) und Lehrstuhl für Angewandte Landwirtschaftliche Betriebslehre. Laxenburg, Weihenstephan.

Bayerisches Staatsministerium für Ernährung, Landwirtschaft und Forsten (BayStMELF) 1991:
Beschäftigungseffekte durch Flurbereinigung und Dorferneuerung in Bayern. Materalien zur Ländlichen Neuordnung, Heft 24. München.

Bayerisches Staatsministerium für Ernährung, Landwirtschaft und Forsten (BayStMELF) 1986:
Bayerisches Dorferneuerungsprogramm - Dorferneuerungsrichtlinien vom 1. Juni 1986 Nr. N3/B4-7516-250. München.

Bayerisches Staatsministerium für Ernährung, Landwirtschaft und Forsten (BayStMELF) 1989:
Der Einfluß der Flurbereinigung auf die Bewirtschaftung landwirtschaftlicher Betriebe in Bayern. Materalien zur Flurbereinigung , Heft 16. München.

Bayerisches Staatsministerium für Ernährung, Landwirtschaft und Forsten (BayStMELF) 1990:
Operationelles Programm zur Entwicklung der ländlichen Gebiete (5b-Gebiete) im Rahmen der Reform der Strukturfonds im Freistaat Bayern gemäß Art.14 Abs.1 der VO (EWG) Nr.4253/88. München.

Bayerisches Staatsministerium für Ernährung, Landwirtschaft und Forsten (BayStMELF) 1991:
Richtlinien des Bayerischen Staatsministerium für Ernährung, Landwirtschaft und

Forsten zur Durchführung des Programms für die Erhaltung der Kulturlandschaft (Bayerisches Kulturlandschaftsprogramm) vom 26.04.1993 Nr. B 4-7292-1285. München.

Bundesministerium des Inneren 1973:
Das Verursacherprinzip - Möglichkeiten und Empfehlungen zur Durchsetzung. Umweltbrief Nr.1. Bonn.

Bundesministerium für Ernährung, Landwirtschaft und Forsten (BML) 1993:
Agrarbericht 1993. Bonn.

Bundesverfassungsgericht 1982:
Naßauskiesung - Entscheidungen. NJW 182, S.45.

Coase, R.H. 1960:
The Problem of Social Cost. Journal of Law and Economics, Vol. 3, S.1.

Gießübel-Kreusch, R. 1989:
Monetäre Bewertung nicht-marktgängiger Leistungen der Landwirtschaft und Möglichkeiten einer Vergütung am Beispiel des Artenschutzes. In: Agrarwirtschaft, Heft 7, S.221-226.

Hampicke, U. 1991:
Naturschutz-Ökonomie. Stuttgart: Verlag Eugen Ulmer.

Hanf, C.-H. 1993:
Ökonomische Überlegungen zur Ausgestaltung von Verordnungen und Verträgen mit Produktionsauflagen zum Umwelt- und Naturschutz. In: Agrarwirtschaft, Jg. 42, Heft 3. S.138-147.

Heissenhuber, A. und H. Hofmann 1992a:
Einzelbetriebliche Aspekte zu den Umweltwirkungen der Landwirtschaft und zur Honorierung landespflegerischer Leistungen der Landwirtschaft. In: Untersuchung zur Definition und Quantifizierung von landschaftspflegerischen Leistungen der Landwirtschaft nach ökologischen und ökonomischen Kriterien. Materialienband 84 des BayStMLU. S. 51-116. München.

Heissenhuber, A. und H. Hofmann 1992b:
Überlegungen zur Realisierung einer umweltschonenden Landbewirtschaftung. In: Untersuchung zur Definition und Quantifizierung von landschaftspflegerischen Leistungen der Landwirtschaft nach ökologischen und ökonomischen Kriterien. Materialienband 84 des BayStMLU. S. 151-166. München.

Isermeyer, F. 1992:
Umweltpolitische Rahmenbedingungen für die Landwirtschaft. In Schriftenreihe des Fachbereiches Internationale Agrarentwicklung der TU Berlin, Nr. 152, S.44-54.

Kötter, T. 1990:
Effizienz der Dorferneuerung - Anwendungsfälle. Schriftenreihe des BMELuF, Reihe B: Flurbereinigung, Heft 77. Münster-Hiltrup.

Kromka, F. 1988:
Der ländliche Raum ist keine Residualgröße mehr: Darstellung seiner Vorzüge. In: BLJB, Jg. 65, H.5, S.607-622.

Landesvereinigung für den ökologischen Landbau in Bayern e.V.(LVÖ) 1992a:
Antrag auf Projektförderung des "Agrar-Umweltkonzeptes Schwarzachtal", Eggolsheim.

Landesvereinigung für den ökologischen Landbau in Bayern e.V.(LVÖ) 1992b:
Agrar-Umweltkonzept Schwarzachtal - Zwischenbericht, Eggolsheim.

Mayerhofer, J. 1992:
Mündliche Mitteilung.

Mayerhofer, P. und P. Schawerda 1991:
Die Bauern - die Natur & das Geld - Modell Ökopunkte Landwirtschaft. NÖ Agrarbezirksbehörde. Wien.

N.N. 1992:
Subsidiarität nach Brüsseler Leseart. Agra-Europe 46/92.

N.N. 1993a:
Erster Schritt zur Honorierung landeskultureller Leistungen. Agra-Europe 4/93.

N.N. 1993b:
Umwelt-Leistungen der Landwirtschaft immer wichtiger. Agra-Europe 8/93.

N.N. 1993c:
Ökologische Leistungen sind keine neuen Einkommensquellen. Agra-Europe 9/93.

N.N. 1993d:
Richtlinien zum bayerischen Kulturlandschaftsprogramm. Agra-Europe H. 18/93, Sonderbeilage S. 1 - 13.

Pevetz, W., Hofer, O. und H. Pirringer 1990:
Quantifizierung der Umweltleistungen der österreichischen Landwirtschaft. Schriftenreihe der Bundesanstalt für Agrarwirtschaft, Nr. 60. Wien.

Pfadenhauer, J. und C. Ganzert 1992:
Konzept einer integrierten Naturschutzstrategie im Agrarraum. In: Untersuchung zur Definition und Quantifizierung von landschaftspflegerischen Leistungen der Landwirtschaft nach ökologischen und ökonomischen Kriterien. Materialienband 84 des BayStMLU. S. 5-50. München.

Pfadenhauer, J. 1988:
Naturschutz durch Landwirtschaft - Perspektiven aus der Sicht der Ökologie. In: BLJB Jg.65. S.21-33.

Pigou, A.C. 1932:
The Economics of Welfare. Fourth edition - reprinted 1962, S.9. London.

Schiefer, J. 1981:
Bracheversuche in Baden-Württemberg. Beih. Veröff. Naturschutz Landschaftspflege, Baden-Württemberg 22, S.325.

Schiefer, J. 1984:
Möglichkeiten der Aushagerung von nährstoffreichen Grünlandflächen. Veröff. Naturschutz Landschaftspflege, Baden-Württemberg 57/58, S.33-62.

Schumacher, W. 1992:
Extensivierung - Möglichkeiten und Grenzen für den Arten- und Biotopschutz in der Kulturlandschaft. Manuskript, Abt. Geobotanik und Naturschutz am Institut für Landwirtschaftliche Botanik der Universität Bonn.

Streit, M.E., Wildenmann, R. und J. Jesinghaus (Hrsg.) 1989:
Landwirtschaft und Umwelt: Wege aus der Krise. Baden-Baden.

Waldviertel-Management (WVM) 1992:
Partner einer natürlichen Region - Das Waldviertelmanagement. Zwettl.

Wicke, L. 1989:
Umweltökonomie. 2. Auflage. München: Verlag Franz Vahlen.

Wicke, L. 1991:
Umweltökonomie. 3. Auflage. München: Verlag Franz Vahlen.

Zimmer, Y. 1991:
Über die Schwierigkeiten einen Markt für Naturschutz zu etablieren. In: Agrarwirtschaft, Jg. 40, Heft 4, S.122-128.

Sachverzeichnis